大转变
THE BIG PIVOT

在气候更炎热、资源更稀缺、信息更开放的世界

企业的现实策略

【美】安德鲁·温斯顿　著

夏善晨　陈俊婕　译

海洋出版社

2019年·北京

图书在版编目（CIP）数据

大转变 / (美) 安德鲁·温斯顿(Andrew S. Winston) 著；夏善晨，陈俊婕译.—北京：海洋出版社，2019.1

书名原文：The big pivot：radically practical strategies for a hotter, scarcer, and more open world

ISBN 978-7-5210-0293-5

Ⅰ.①大… Ⅱ.①安… ②夏… ③陈… Ⅲ.①企业环境保护—研究 Ⅳ.①X322

中国版本图书馆CIP数据核字（2018）第300083号

The big pivot：radically practical strategies for a hotter, scarcer, and more open world / Andrew S. Winston.

Original work copyright ⓒ2014 Andrew S. Winston

Published by arrangement with Harvard Business Review Press

著作权合同登记号 图字：01-2017-8595

责任编辑：冷旭东　　侯雪景
特约编辑：李姝姝
责任印制：赵麟苏

海洋出版社 出版发行

http://www.oceanpress.com.cn
北京市海淀区大慧寺路8号　邮编：100081
北京顶佳世纪印刷有限公司印刷
2019 年 5 月第 1 版　2019年 5 月北京第 1 次印刷
开本：880 mm×1230 mm　1／32　印张：11.125
字数：350千字　定价：58.00元
发行部：62132549　邮购部：68038093
总编室：62114335　编辑室：62100038
海洋版图书印、装错误可随时退换

我们生活在一个彻底改变的世界。也是时候改变你的策略方式了。

证据在我们的周围随处可见。气候变化带来的极端天气在世界各地不断刷新着纪录。随着全球有十亿人步入中产阶层，我们对自然资源的需求剧增，对所有东西的需求都增加了。极高的透明度使得公司运作和供应链变得十分开放，接受公众的检视。

这并非什么未来的场景或者可供辩驳的模式，而是当今的现实。我们已经越过了一个经济转折点。地球基础设施根基的弱化将让企业付出昂贵的代价，也让社会危在旦夕。气候变化、资源稀缺和透明度增加所带来的巨大挑战威胁着我们对扩张的全球经济的掌控能力，也在深刻地改变着"日常商业"。但是这也提供了前所未有的机遇：这关乎巨额的市场，而这场新游戏的胜者将收益颇丰。

畅销书《从绿到金》的作者、全球知名商业战略家安德鲁·温斯顿认为，按照目前公司的运营方式，是无法赶上现在和未来的速度的。它们需要作出大转变。

在这本必不可少的新书中，温斯顿为已经准备好勇敢向前、在这一新现实中大展拳脚的领导者和公司提出了十大关键性策略。《大转变》一书用具体的建议和技巧，以及来自诸如英国电信、帝亚吉欧、陶氏化学、福特、耐克、联合利华、沃尔玛等大公司的新案例故事，帮助您以及我们所有人，创造一个更加富有弹性的公司和一个更加繁荣的世界。这本书是让你起步的蓝图。

"我们已经到了一个转折点，我们的地球和人类社会正处于危险之中。企业界被赋予了历史性的契机和责任，要带领世界走向一条更为公平、公正、富饶，也更具可持续性的道路——一条能为公司、社区和国家创造更多价值的道路。可是企业的管理者们该从何开始呢？温斯顿的《大转变》为我们提供了一个全新的方向，同时也是一条最实际的前进道路。把这本书推荐给你身边能作出改变的人吧，这本书是任何对商业和世界的未来感兴趣的人的必读之物。"

——保罗·鲍尔曼，联合利华首席执行官

"安德鲁·温斯顿的《大转变》为每一个面临环境和社会挑战的企业高管亮起了红灯。通过着眼于最重要的东西——长期生存和客户福祉——为私营部门意识和目标的重大转变制定了路线图。作者用具有说服力的、真挚热忱的语言，描述了商业的'新常态'，为企业领导者们在面对颠覆性变革时，抓住机会、制订有利于企业长期成功的计划指明了方向。"

——大卫·克雷恩，NRG能源总裁兼首席执行官

"在《大转变》中，安德鲁·温斯顿为企业指出需要改变自身行为的方面——这些挑战要求企业为了自身的生存作出'转型'。非政府组织和政府已经敦促改变的发生，但温斯顿从自身与大公司的合作经验中深知，如果公司领导者们改变激励机制并要求整个价值链上的人都参与其中，转变就会发生。我希望首席执行官和企业的其他领导者行动起来，读读这本书，然后充满动力，把自己的公司和这个世界变得更好。"

——劳拉里·马丁，HCP首席执行官

"在众多关注可持续发展的作者中，安德鲁·温斯顿提供了一个独特的视角。温斯顿完全理解引发环境问题的原因，但他也明白环境问题的解决方法——着眼于公司通过可持续发展推动增长和创新。温斯顿提出的我们这一时代所面临的最大问题的实际解决方法使他的声音受到政界、非政府组织以及企业领导者的尊重。"

——大卫·史丹内尔，废物管理公司首席执行官

"《大转变》是温斯顿到目前为止最重要、最有影响力的作品——甚至超过了《从绿到金》。它给你、你的老板以及坐在办公室角落的人都敲响了警钟。温斯顿为我们提供了一个在这个多变世界中独特而实用的策略。《大转变》为企业提供了急需的行动指南，同时也把气候变化和其他全球级别压力的实际与公司的底线联系起来。资本主义要开始变好了。"

——L.亨特·罗文斯，自然资本解决方案创始人
兼总裁；合著有《出路》（The Way Out）一书

"安德鲁·温斯顿的《大转变》为全世界的公司所面临的最大问题提供了启发性的视角。企业领导者开始意识到，'一切照旧'是不足以应对世界所面临的挑战的。在一个充满剧烈变革和竞争的时代，温斯顿吹响了行动的号角。"

——托马斯·J.福克，金佰利主席兼首席执行官

"这是一个振聋发聩的号角，它号召企业拥抱气候变化、资源紧缺以及绝对透明带来的风险，并把这些风险转变为战略性增长机会……这是一张21世纪企业成功的必读路线图。"

——杰夫·斯布莱特，可口可乐公司
环境与水资源部门副总裁

"安德鲁·温斯顿聚焦于21世纪我们需要解决的重要问题，同时提出了企业解决这些问题的现实工具和策略指导。《大转变》提炼出商界以及其他领域所面临的诸多复杂情况和挑战，并为所有读者提供了一个有思想性且有益的分析。"

——乔辰·蔡特，"B队伍"（The B Team）联合创始人
兼联合主席，彪马服装前首席执行官

"安德鲁·温斯顿是个彻头彻尾的实践主义者。对任何因我们止步于渐进主义而感到失望的人来说，这是一剂解毒良方。在《大转变》中，温斯顿用他的热情和勇气向我们展示了企业如何应对一个气候更炎热、资源更稀缺且更为开放的世界并蓬勃发展。"

——马里尼·内赫拉，（印度）社会市场中心创始人

"《大转变》是环境和商业领域从业者的必读书。对于公司和公司的领导者拥有促使改变发生的巨大机会，温斯顿做了十分有说服力且富有逻辑的论证。《大转变》认为彻底变革意味着风险的想法是错误的。相对于作为，不作为才是真正的风险所在。这是一本十分有说服力、值得一读的好书。"

——罗布·巴纳德，微软首席环境战略师

"温斯顿不仅有力地阐明了影响企业在新世界秩序的巨大趋势，也为企业如何能在这一现实条件下生存并发展提供了指导性方向。在一个快速变化的危险环境中，如何打造一家具有适应能力的公司，《大转变》一书为我们提供了宝贵的蓝图。"

——约翰·乐普罗格勒，第七世代总裁兼首席执行官

"我们曾经把异教徒绑在火刑柱上烧死，但当我们进入'大转变'的时代，我们必须发现这些引领我们进入更具可持续性世界的、离经叛道的创新者、企业家、投资者和政策制定者，允许他们的存在、从他们身上学习模仿。安德鲁·温斯顿就像是一个现代的但丁，引领我们走进一个充满激荡、危险和机遇的领地。"

——约翰·埃尔金顿，环境数据服务、可持续和飞鱼公司的

联合创始人；《不可理喻的力量》一书合著者；

《"零"航员》一书作者

"如今，所有企业都需要一个既考虑经济效益又考虑环境影响的可持续发展战略。那些将自然资源纳入其底线的'大转变'企业，将在瞬息万变的世界中茁壮成长。《大转变》一书为我们指明了方向。"

——马克·特瑟克，大自然保护协会主席

兼首席执行官；《自然财富》作者

"在未来的几年里，地球和包括人类在内的所有物种的命运都将被决定。这些威胁真实存在，而我们全球所有的组织——公司、政府、非营利机构——需要以新的方式进行合作，共同解决世界上最大的挑战。安德鲁·温斯顿的《大转变》就是这样一本针对这些挑战而写就的书，为企业和公共部门的领导者们提供一个彻底革新、切实告知企业如何运作的新方案。"

——彼得·萨利格曼，保护国际基金会主席

和首席执行官

"科学很简单明了：人类活动造成的气候变化对我们的集体福祉造成了严重威胁，而我们可以采取行动的时间所剩无几。《大转变》向我们展示了气候变化以及其他由人类造成的压力，比如资源紧缺对企业而言意味着什么，以及企业如何应对这些压力。"

——迈克尔·E.曼，宾州州立大学地质学杰出教授；
《曲棍球棒和气候战争》作者

"在《大转变》中，安德鲁·温斯顿作出了一个鲜明的选择：大公司能够拥抱我们这个时代最好的财富创造机会，即那些商业模式被上一轮创新破坏了的公司所走的路——资源效率创新。"

——吉佳·沙，太阳能艾迪逊创始人；
《创造气候财富》作者

"企业可持续发展领域的发展迅猛、微妙，也因而难以解读。安德鲁·温斯顿是典型的'局内-局外人'——既有关于当今许多走在可持续发展领域前沿的重要公司内部运作的丰富知识，又有着独立分析的能力。这就让《大转变》成为一本恰合时宜且精彩纷呈的好书。"

——乔纳森·普瑞特，未来论坛创始人；
《我们创造的世界》作者

"我们的时代要求我们必须全面加强对社会紧迫之事的关注——我们必须利用资本主义的强大力量实现这个目的。安德鲁·温斯顿在呼吁巨大的商业模式变革以驱动进步时采取了非常务实的做法。尤其是在'大胆合作'方面，我们需要更大的透明度和一致的资本市场激励机制。私营部门的领导力有能力完成这一'大转变'，现在它需要的是意愿。"

——艾瑞卡·卡普，基石资本首席执行官

"在《大转变》中，安德鲁·温斯顿巧妙地捕捉到了这个世界变化的本质。更重要的是，在这本可读性极高的书中，他为想要抓住新机会并从中获利的企业指明了前进的道路——并打造了21世纪的解决方案。"

——安然·克拉美尔，BSR总裁兼首席执行官

译者序

说实在的，过了60岁还能看到自己主导翻译的中文版《大转变》由海洋出版社出版，心中还是十分感慨的！

翻译不是件容易的事，即使你理解了意思也很难用确切的中文表达，尤其是在具有较强专业性的领域。可持续发展是人类社会共生共存的主题，更是涉及人类生存的方方面面，需要更为扎实的专业背景。大多数情况下，语言和意识具有人类的共通性，但是语境不一样，也可能会产生词不达意的困境。要做到"信、达、雅"并不像说得那么简单，真的佩服年轻时看到的译著，相较于前人的翻译水平，我们也许是大大退步了！

大概17年前，我与美国时任克林顿政府可持续发展委员会的共同主席、著名的可持续经济发展的倡导者、企业家雷·安德森在上海市欧美同学会举办的国际可持续发展大会上相识，他是一位睿智、热情的商业生态实践者，在他的热情启发和推荐下，我与同济大学、复旦大学的一些学者共同发起翻译了一套至今仍具有影响力的海外著作——《绿色丛书》（上海译文出版社出版），此外，霍肯先生的《商业生态学》也是我主导翻译的。从那时起，对经济和环境的可持续发展研究成了我的一个新课题方向。今天，中国与国际社会对于可持续发展、绿色能源和生态环境等方面的研究已经达到同步的认识和理解，中国社会更为关注减少空气污染、恢复土壤生态、提倡绿色技术等问题，因为政府和人民更清晰地认识到，中国也正在负担着过去经济高速发展欠下的债务，并对于新的生态环境命题，如绿色金融、企业社会责任和可持续战略以及政府的发展导向等方面表现出积极的兴趣。

2017年年初，本人受邀参加在美国纽约布隆伯格发起举办的可持续发展和绿色金融研讨会，当时本书的作者温斯顿先生在大会上作了一个非常精彩的演讲，其主要宗旨是：在经济发展和生态环境保护的大枢轴中，现代社会企业所扮演的角色就是要找到可持续发展和盈利的目标。会后，他请哈佛出版社将他的著作寄送给我，并推荐我在中国翻译出版这本具有现实意义的读物。在联系国内出版社出版的过程中，美中国际商务高级研究院上海代表处的首席代表徐建红女士非常热情地推动着这次的出版合作，最终获得海洋出版社前任社长杨绥华同志的支持和帮助，并在海洋出版社编辑侯雪景和版权管理人李宝华女士的努力之下，最终与美国哈佛出版

安德鲁·温斯顿（左）与夏善晨（右）

社达成了版权协议。

当然，曾任美中国际商务高级研究院实习助理毛俊婷和陈俊婕的协同翻译、校对和整理，也是本书成型的关键。读者在阅读时会发现书中涉及大量案例和国际企业家们的商业实践，这些内容需要有相应的知识背景和专业才能更为准确地表达。毕业于美国乔治城大学公共政策专业的陈俊婕的相关教育背景使本书的可读性大大提高。

最后，衷心感谢中美青少年教育基金会理事长何梅女士的理解和支持，她也是中国著名的阿拉善环保组织的积极响应者；还要感谢同济大学娄永琪教授的积极鼓励和对我的学术事业的推动；当然，海洋出版社和美中国际商务高级研究院全体同仁的全力支持，使这个翻译项目成为2018年美中商业智库的重要工作内容。本书的顺利出版应该算是大家对国际商业环境、企业战略思想的一个贡献！

夏善晨

2018年9月5日于美国纽约

|目 录|

估值转变

伙伴转变

大转变

导语　来自新世界的信号

美国纽约州，纽约市。2012年10月29日晚上9点，一声爆炸的巨响让曼哈顿下东区地动山摇。"桑迪"飓风引起了海平面上升，海水侵袭了纽约爱迪生联合电气公司的某个配电站，随后，配电站的大楼被大火吞没。包括爱迪生电气公司总部在内，很多这个世界上最具标志性的地标建筑，连续四天陷入了黑暗。短短几周内，爱迪生电气公司的市值蒸发了20亿美元（相当于该公司总市值的1/8）。[1]

估计爱迪生联合电气公司在飓风之后将花费5.5亿美元，比起该区域内其他企业所损失的（至少）60亿美元，这只是很小的一部分。纽约州将请求420亿美元的援助款用于房屋、基础设施和交通系统的复原重建。[2]而此次超级飓风所造成的人员伤亡更是难以估量——美国和加勒比地区近200人罹难，数以万计的人流离失所。

尽管无法将某一气象事件完全归咎于气候变化，但气候变暖却是个不争的事实：高温天气更加频繁、飓风和洪水更为肆虐，随之而来的将是更严重的经济损失。[3]

你的企业准备好迎接即将到来的风暴了吗?

美国得克萨斯州,普莱恩维尤市。 2013年2月,一家经营了几十年的牛肉加工厂倒闭,削减了2300个工作岗位以及5500万美金的工资支出,约10%的城镇人口因此而失业。这只是接连不断的旱灾所导致的后果之一。据《纽约时报》报道,这场干旱让"草原枯竭,干草和饲料成本上涨,一些牧场主不得不卖掉牲畜以削减开支"。[4] 该地区就是没有足够的水让畜牧业生存下去。

这次席卷得克萨斯的旱灾使得该州企业的损失高达数十亿美元,而对工业而言,水源的可获取性成了一个关键问题。得克萨斯商业协会主席说:"水供应短缺会使得州无法带来足够的工作岗位,其实目前的情况就是如此……如果我们不解决这些问题,那么对外界传递的信号就是——别到得克萨斯去。"[5]

得克萨斯州绝不是唯一为此头痛不已的州。随着资源变得越来越稀缺昂贵,比如水、棉花、小麦、铁、油以及其他物资,各地的商业成本也越来越高。

你的企业准备好迎接资源短缺的问题了吗?

孟加拉国,达卡市。 2013年4月23日,位于孟加拉国首都的一家服装厂发生了坍塌事故,造成至少1100人死亡。就在这一无法想象的悲剧发生前6个月,附近的塔兹琳(Tazreen)服装厂刚刚发生了火灾,夺去了100多人的生命。[6] 此次灾难的损失无法估量,但如果我们不从这些灾难中学到点什么,那这些遇难者就白白死去。

除了所有围绕安全生产的环节之外，企业应该吸取一个教训：在你供应链上的任何运营环节，无论离你多么遥远，现在都在你的责任范围之内。达卡的服装厂为世界上最知名的一些品牌生产服装，事故发生后，这些品牌的名字就会立即出现在杂志封面和新闻头条上。在一个相互深度联系且透明的世界里，没有什么新闻是完全本土化的。

一些公司对于这些负面新闻反应迅速。像H&M、Zara、Primark、Tesco、Abercrombie&Fitch这些大品牌共同签订了一个协议，要为改善孟加拉工厂的安全生产条件付钱。迪士尼公司在Tazreen服装厂的大火之后，终止了其在孟加拉的服装生产。[7] 而沃尔玛在大火之后才发现，Tazreen是其供应商的分包合同商，由此，沃尔玛要求其所有的合作伙伴都要提供与自身有合同关系的公司的信息。显然，更好地掌握供应商的信息能够将更高的安全和环境标准直接传达给他们。透明和公开成为了新的常态。

你准备好将你供应链上的全部环节都纳入自己的责任范围了吗？

我的一个老朋友是一名心脏病医生，他最近告诉我的一个故事引发了我的思考。时至今日，尽管关于心脏健康的信息已是如此丰富，但至少40%的心脏病初发即会致命。梅迈特·奥兹（Mehmet Oz），一名有着自己的电视节目的著名心胸外科医生曾经说，那些初次心脏病发作的人之所以会死去，是因为"他们并不了解自己的危险因素，或者没有及早注意到一些警告信号"。[8] 因此，虽然一些心脏病的发作突如其来，但大多数其实是有迹可循的——家族遗传史，或者是像抽烟、肥胖这样的生活方式的选择。

当我在翻阅健身杂志《男士健康》（Men's Health）的时候，一个常设栏目，《告别肚腩》里的故事吸引了我的注意力，这个可怕的数字至今仍在我的脑海里挥之不去。这类暖心的故事总是聚焦于一个减重达人，通常甩掉了100磅①甚至更多的赘肉。这样的故事往往以"警钟敲响"开始，即此君生活中的某一个时刻吓到了他——也许是他不能再和他的孩子奔跑嬉戏，或者是一个医生告诉他，他将英年早逝。这些人经历了一个被我称为"大转折"的时刻。在这些关键时刻，迹象十分清晰，我们知道自己需要彻底改变原有的生活方式——戒烟、少食、多运动——因为这关乎性命。

没有人可以规避所有的危险，我们越早对自己得到的信号作出反应越好。如果要等到一次心脏病发作才改变你的个人健康策略，那就太危险了。如果你没挺过来该怎么办？

当转变的号角吹响时，看似可怕，但却是一次绝佳的机会。无论你选择什么样的健康路径——良好饮食、运动、冥想——都会在长期和短期内让你的生活变得更美好、更愉悦。

对我们的企业、经济、社会、人类自身而言也是如此。我们的"大转折"时刻已经到来。我们已经收到许多这样的警告信号，告诉我们要改善经营方式，让企业盈利增加、更加长青。这些信号响亮而清晰……而且越来越频繁。

你，听到了吗？

---

①磅，重量单位，1磅等于0.4536千克。

一个危险与机遇并存、迅速变化的世界

我们生活在一个极端的世界中。随着全球10亿人步入了中产阶级，对一切的需求都陡然上升，自然资源面临空前的压力。高度的透明度将企业活动和供应链暴露在公众的监督之下。而让人感受最直接的是全球范围内极端天气纪录屡屡被刷新，数百万人受到影响，私营部门也因此损失惨重。

2011年，泰国历史性的洪灾使全球的硬盘和汽车的供应链断裂。2013年1月，极端天气使澳大利亚的气象学家不得不在气象图上加了两个颜色来标注高达129℉（54℃）①的高温。[9] 2013年11月，在史上最强台风"海燕"（最高风速超过每小时200英里②）肆虐菲律宾后，一些气候学家建议，在已有的最高风暴级别之上还要再加一个"6级"[10]。这些极端天气的频率正在逐渐增加：正如纽约州州长安德鲁·库尔莫（Andrew Cuomo）在"桑迪"飓风后所说的，"我们在短短三年之内经历了两次'百年一遇'的风暴"。[11]

越来越多的人在日常生活中察觉到了这种极端性，并认识到这个世界正在发生着深刻的改变。去年，时任通用汽车公司的首席执行官丹·艾克森（Dan Akerson）谈到了通用过去对于气候变化的否认，他说："想要否认它（气候变化）很难……也很难不相信这个世界正在发生着什么。"[12] 艾克森对于这个新变化采取了行动，通用和欧特克（Autodesk）、易趣（eBay）、英特尔、李维斯、雀巢、耐克、星巴克、瑞再企商保险（Swiss Re）、添柏岚

①华氏温标的标度，1 华氏度（℉）= 32+ 摄氏度（℃）× 1.8。
②英里，英美制长度单位，1 英里等于 1.609 344 千米。

（Timberland）以及联合利华一起，加入了一个支持承认气候变化的倡议组织，而这份公司的名单还在不断加长。

而那些对于这一改变尚未有所体会的人，对于钱包的感受或许会更为真切。在宏观经济层面，仅在2012年，自然灾害就让美国损失了超过1000亿美元。[13] 正如美国有线新闻网（CNN）最近所报道的，"12年内，全世界近1/3的经济产出将来自于受到'高危'甚至是'极端危险'气候变化影响的国家"，这相当于在2025年之前，44亿美元的全球经济将处于危险之中。[14]

这些全球性的宏观数字让人难过，但对于这个气候更加炎热、资源更加稀缺和昂贵的世界最有经济压力感触的还是企业和个人。棉花的价格在近18个月上涨了300%。[15] 全球的粮食价格都在疯涨，造成了新的饥饿危机，也深深触及了经济体和公司的底线。

可口可乐公司因为玉米价格的上涨（除了水，苏打的主要原料是玉米浆）已减少了8亿美元的盈利。晨星咨询公司（Morningstar）的分析师们计算出，泰森食品公司（Tysons Foods）每年因为喂鸡要多支出7亿美元，这一数字约等于肉制品生产商的年净收入。[16] 这并不是四舍五入的误差，而是盈利与损失之间的差别。

没有一个国家、城市或者企业能够忽略极端天气和资源昂贵这一新的现实。不想承认且不想积极应对这一现实的政治领袖和企业高管看起来越来越愚蠢，且不负责任。他们并没有在为公民或者股东利益的最大化而战。

目前这个被彻底改变的世界所面临的巨大挑战归根结底可以被总结为三个：气候变化；资源紧缺和上涨的商品价格；科技所驱动

的对透明度的需求。我将这三大挑战称为"更炎热""更稀缺"以及"更开放"。前两种可以看做是不容商议的系统条件，这是我们为了自己的生存和繁荣所必须要应对的。而第三个问题，即全面、全新开放的水平，会更像一个执行者或者扩效器，让每个人都能看到（和评价）国家和公司对之前两种挑战的应对。

这三大挑战正共同作用，改变着我们所认为的"日常商业"甚至"日常生活"。正因为这些挑战变得日益强烈，企业管理者必须更快找到应对这些压力的方法。

那些冲击我们的重大生物物理、科技和经济现实给所有的机构都设下了幽深危险的陷阱，但对于那些能够理解且能巧妙驾驭这些转变的人，这些"陷阱"毋宁说是广阔的"机会之谷"。与每一个巨大的挑战相伴相随的是一个与之互补的巨大机遇：对抗气候变化是清洁经济崛起的动力之一（目前每年全球约有2500亿美元的投资用于清洁经济）；资源短缺的原因是新兴中产阶级的崛起带动了对于更高的生活标准及更丰富的产品和服务的需求；信息的连通性和透明度也是开放创新的工具，激发了新的思想和创造力。[17]

不幸的是，今天的组织机构并未准备好应对这种大转变并从中获利。即使不考虑自然的极端状况，商业世界在应对持续性的、破坏性的变化时也总是在艰难挣扎。学生在商学院里学到的企业所面临的重大威胁，依旧存在并不断加强：以突破性的商业模式闯入的新人、越来越复杂的供应链、变化无常的客户不断增长的要求、以及"千禧一代"员工（编者注：代指80后，90后，00后）对工作意义的新需求。正如哈佛商学院的著名教授约翰·考特（John Kotter）最近所写的："我们跟不上变化，更别提要走在它的前面了。金融、社会、环境和政治方面的风险都在上升。我们几十年来用于运营和优化企业的层级结构和组织程序已经无法在这个快速变化的世界中取胜了。"[18]

　　无论你对这些挑战是采取一个纯粹的财务视角，还是一个关注人类本身的视角，有一件事是非常清楚的：我们已经过了经济转折点。地球基础设施支柱的衰弱——稳定的气候环境、清洁的空气和水、健康的生物多样性、丰富充沛的资源——让企业花了大笔真金白银。这并不是什么未来的场景或者可供辩论的模式，而是真真切切的现实，一个威胁到我们的稳定和全球经济增长的现实。

　　我们需要一种新的方法来准备、避免和应对我们所面临的挑战，甚至从中获利。我们需要从内部建立一些组织来为我们的经济体系带来必要的改变。这些新公司会变得更有弹性、更活跃，并能够在快速变迁的时代中存活下来。这些公司将会是纳西姆·塔勒布（Nassim Taleb）所说的"反脆弱性"[19]的代表。但要做到这些，企业必须在运营方式上作出重大转变，首先要从视野的深刻转变开始。

大转变

　　我们不能假装任何事情都有两面性。当然，关于大挑战会如何发生，细节仍然模糊不清，但是可以确定的是，这些挑战实实在在地正在发生。如果你不相信——或者甚至不愿意考虑一下——气候变化和资源紧缺都是非常严重的问题，那么这本书现在还不适合你。如果你看不到，我们在试图应对如何养活未来90亿的人口——这个变得更加富裕、自由和挑剔的群体——这一挑战的同时，也存在机遇，那么也许你现在还没有准备好接受这些想法。

这本书是给一部分人看的，这些人深知（或者开始意识到）我们所面临的相互交织的巨大压力，时间也变得越来越紧迫，积极解决这些问题是让全人类，让每个政府、社区、企业和个人继续前进的唯一符合逻辑的途径。

简而言之，如果你相信这些压力真实存在，那么目前那些被叫做"绿色商业"或者"可持续性"的部门就不能只是一个边缘部门，或只是商务中的华丽辞藻。相反，我们必须转变——有时候会很痛苦，但总是目的明确——唯其如此，用可盈利的方法解决这个世界上最大的挑战才会变成企业的核心追求。

目前我们正在检验所有支持我们经济和社会的自然体系的极限。因此，我们需要建立一个公司和企业运营的新范式。本书就在尝试回答这样一个基础性问题：如果这个气候越来越炎热、资源越来越稀缺、越来越透明且不可预计的世界成为了新常态，那么企业应当如何为所有人，包括它们自己，确保一个繁荣的未来呢？

解决这些大挑战是否具有商业意义已经不再是一个重要的问题。相反，我们必须问自己一些新的核心问题，比如，"为有效应对这些挑战，我们应该怎么做才能有效管理企业？"如此，也唯有如此，才能找到更多的盈利方法。利润会驱动很多企业的行为——一个不赚钱的模式不会长久——但是以威胁自身的生存为代价、把短期的利益置于首位的做法最终将是可笑的。

我们需要转变眼界来让自己意识到可以用盈利的方式来应对这些挑战。这是一个可以兼顾的选项，而非一个放在寻求改变的人面前非此即彼的虚假障碍。机构组织已经无法在每一个被提出的倡议都达到某些预先设定好的、被随意标好的价格时，才去解决像能源、气候、水、全球发展以及贫困这样的大问题。在面对这些问题的时候，我们需要调整一下优先等级。

这就是大转变……而且这是没有商量余地的。

"大转变"战略体现了私营部门在意识方面的重大变化，但它并不激进。事实上，这种想法非常保守，利己的成分占了很大一部分。我们需要保护地球来保证我们的生存。

因此思考一下第二个核心问题：如果我们从一个假设出发，即"我们必须解决这些巨大挑战来保证自己的生存"，然后倒回来去找盈利模式，那么一个公司会是什么样子？（这和我们现在的经营方式很不一样，我们现在的方式是从利益最大化出发，然后当我们觉得环境和社会问题是"自己承担得起"的时候，才会去解决这些问题。）

不远的将来，企业将以不同的方式来做许多事，成功地从内部运作中盈利。成功的领导者已经开始追求制定新的议程表和新原则，包括以下几个方面：

摒除那些让企业从创造价值上分心的短期关注点。企业的领导者需要的是一个比赚钱更深刻的概念（赚钱只是定义商业成功的一个特定的、有瑕疵且特别狭隘的方式）。相比于股票分析师，企业高管更关心的是顾客和社区。比如，联合利华不再对华尔街提供季度指南，大大减少了用于"吹高"股价的时间，而把更多管理的精力放在产品和顾客上。

将企业的目标建立在科学和自身必须达到的目标之上。组织必须要设立大的目标——大幅减少全球的碳排放（也许是通过仅使用可再生能源），或者在当地的可用水量范围内进行经营活动，这些都是基于科学而设定的。企业不能再简单地根据"自下而上"的做法发现他们所认为自己可以做的事。福特就是一个根据全球气候科学设定自己产品发展目标的企业范例。

系统性地提出新问题。管理者和各层次的雇员们需要挑战所有的事情，从过程，到创新的方式（公开的，而不是私下的），到商业模式，再到资本主义本身。一些企业领导者，比如英国家居改善零售商翠丰集团（Kingfisher）就在探索是否可以通过自身的业务改变环境，不仅实现对环境零影响的目标，还要让自己的企业具有再生产的能力。

帮助制定和推动政府政策。智慧、积极的规则能够推动大问题的解决和公平竞争环境的建设。像耐克和星巴克这样的公司非但没有对抗规定，反而还会呼吁政府通过力度更大的碳立法。

与出人意料的伙伴进行合作。公司必须有战略眼光，能够把不同的角色——包括员工、顾客，甚至是最为强劲的竞争对手——视为伙伴和共同生产者。如果可口可乐和百事这样的劲敌都能在饮料冷藏技术方面进行合作，共同寻找低排放的新技术，那任何企业都应该有合作的可能。

用新的工具给难以估值的利益进行估值。给无形资产——即那些创造了价值却没能被很好地估量的东西——赋上一个具体的数值，能够帮助企业作出更聪明的投资选择。像强生、宜家、泰华施（Diversey）、3M这样的公司正在修改他们计算投资回报的方式，以鼓励更多在效能和可再生能源方面的投资。估计大自然给企业提供的价值——就像彪马和陶氏化学所做的那样——能够帮助公司更好地了解自身对于清洁水源或大气的依赖。这些做法将帮助企业做好准备，迎接所谓的"外部性"变为内部成本（或利润）的那一天的到来。

开始建立具有恢复性和重生力的企业。一个具有恢复能力的组织能够应对深刻改变，并且能够从资源使用和对世界的物质依赖中摆脱出来。在诸多企业中，像雀巢和联合利华，就正在尝试让企业成长的同时控制好对环境的影响——他们正在取得成功。

"大转变"思想的核心是，将环境和社会的挑战和机遇列为优先，并把它们当做企业成败的关键，而不是一种慈善或是什么有利可图的东西。这意味着要把这些倡议当做高优先级的事情来进行资金投入和支持。

这种思想也意味着不仅仅要理解价值链，更要理解体系，向自然界寻求成功的商业和经营模式（通常是循环式的，资源被高度重视且不会被浪费）。比如，一个粮食公司需要考虑每个种植区内的粮食、能源、水和安全性之间的"联系"及互动关系，以及这些联系对于企业的意义。

这些原则和方法没有一个是容易的，但对于成功而言又是必要的，因此践行它们会比什么都不做要有益得多。从宏观的实际层面来看，在一个超负荷的星球上，没有企业能够盈利。或者正如一个科技高管对我说的让我印象深刻的话，"如果人们连东西都吃不上，没有人会在意自己的操作系统是什么"。

这是一个需要牢记的要点，也是一个在关于如何应对环境和社会的挑战的讨论中常常被忽略的点：大转变的核心战略或原则里，没有一个是真正关于"拯救地球"的。我们的地球有没有我们都会好好的。正如喜剧演员乔治·卡林（George Carlin）所言："这个星球不会怎么样，但我们会！……地球会像甩开跳蚤似的把我们甩开。"[20]

不，这关乎人类——所有70亿人以及后来者——以及我们生存和繁荣的能力。

你可以得到什么？

当然，生存本身就是一个很好的回报。但更重要的是，如果我们能够重新定义，在一个气候更加炎热、资源更加稀缺、信息更加开放的世界里，好的管理和策略意味着什么，那么我们就能够明明白白地减少一些对企业和社会而言的大规模风险。[《科学美国人》（Scientific American）报道，在2050年之前，单是洪水就能让

世界的城市损失1万亿美元〕。²¹

另一个重要的好处是，实现这些巨大改变的背后有一个实实在在、条分缕析、利于企业的逻辑在支撑。这可不是不切实际或者幼稚，而是最实际的解决方案。

与企业一起，利用它巨大的资源和技能来引领这一变革，创造一个更加健康、干净、稳定、平等、公正的世界，会推动全球经济的发展。实际上，世界上一些大胆的上市公司的领导者已经开始这样做了，在这本书中我们将读到很多他们的故事。他们意识到，这一做法价值连城，能让我们重新思考设计房屋楼宇、交通设施、能源输送以及许许多多其他东西的方式。

用亿万富翁、企业家理查德·布兰森爵士（Sir Richard Branson）的话说，应对气候变化是"我们这代人创造财富最大的机会之一"。²² 怎么会这样呢？要记住，不管我们所面对的问题有多大，都仅仅是一个系统的限制而已。限制也会激发创新，产生新的想法以及新的商业模式，而这些会让走得快的人赚得盆满钵满。

因此我的目的是要列出公司需要采取的行动，这些事不仅能让他们在一个充满新的挑战和限制的世界里生存下来，还能让他们欣欣向荣。作为一个社会，我们如何创造一个能养活90亿人口的体系，如何能够先减少原料的使用，不排碳，保证每个人的用水，无废无毒，同时又能公正地支付给人们应得的薪水呢？

私营部门也会对这些问题提供许多答案。首先作出"大转变"的公司（社区、城市或国家）会变得更加灵活，更具有恢复力，也能更好地应对经济环境和地球对我们所施加的考验。

本书脉络

首先声明，这本书就是要简短的，而非面面俱到的。我充分意识到自己所提出的十大核心策略每一条都能"填满"一本书的篇幅，但我的目的是要给最紧迫的任务提供合适的解决方案——在一个大大改变了的世界里能够给一些职业经理人在制定战略、梳理优先议程时作为参考的原则。

第一部分以四个章节概述了什么是大挑战（更炎热、更稀缺、更开放），我们面临的障碍是什么，以及克服这些障碍所需要的思维等。这部分描绘了我们所面对的境况以及企业该如何运作的图景。

第二部分深入介绍了十大实际策略。十大策略被分为"大转变"的几个类别（图1-1）。我从"视野转变"开始，这些章节能让企业把眼光放得更长更远，通过三个关键的策略建立运营原则，分别是：第五章"与短期主义抗争"，为应对来自华尔街和其他投资者的压力提供了选择方案，这些人往往要求的是立竿见影的效果；第六章"设定科学目标"，阐述了要面对最大的挑战，现实决定我们必须要从外部解决问题，而不是自下而上，从我们容易做到的事开始；第七章"追求标新立异的创新"，讨论了我们要想超越渐进式改变所需要提出的问题。

接下来的三章，"估值转变"的部分更富技巧性，仔细剖析了我们在企业中所看重的东西。第八章"改变激励措施，全员参与"讲的是文化问题和动员员工和高管的不同方式；第九章"重新定义投资回报率，优化战略决策"描述了一个核心管理工具是如何不起作用且没有被平等运用，并提出了一个问题——"超级碗（Super

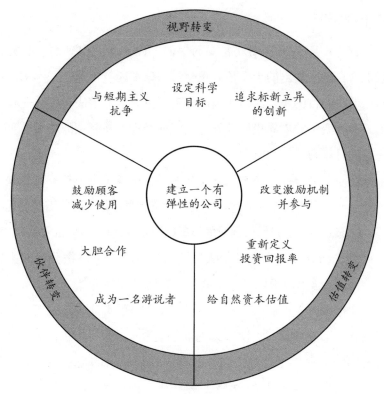

图 1-1 大转变策略

Bowl）广告的投资回报率是多少"；第十章"给自然资本估值"讨论了公司如何计算自然赋予的资本价值。

之后，我转向"伙伴转变"，关注于改变企业与三大外部利益相关者打交道的方式。第十一章"成为一名游说者"，承认如果不改变政府的一些游戏规则，要求公司停止妨碍改变的行为，或者让他们停止袖手旁观，解决这些巨大挑战就无从下手；第十二章"大胆合作"，论述了企业如何能与自身价值链上的每一环节——甚至是与他们最强劲的敌人进行合作；第十三章"鼓励顾客更多关注和更少使用"，小心地推翻被奉为圣经的"越多越好"的想法，并探寻公司如何能够从顾客消费更少中获利。

最后两章为《大转变》的收尾。在第十四章"建立一个有弹性、反脆弱的公司"中，我阐述了第十条、也是统领全篇的策略。作为其他九大策略的结果，第十条也有自己的一套独特的行动措施。这一章从近来出现的关于弹性的研究中提炼了一些关键性原则，描述了一些系统如何能在被击垮后以更强的姿态东山再起。在结语"设想一个大转变的世界"里，我试图描绘一个完成了"大转变"的世界以及这个世界中企业的模样。

时不我待，让我们开始吧！

第17页

第一部分
当今世界的巨大挑战

Today's Mega Challenges

想象一下这个场景：你在一艘大船上，船触了礁，进了很多水，大事不妙，需要救援。这时候船长和船舶工程师认为，他们有办法能让船体不沉，但这需要船上的每一个人齐心协力。船上的乘客会不会停下手头的事一起参与舀水救援呢？

但也许早点转向，把这艘船（或者这个组织），或者起码是它的领导者的关注点完全转移到发现障碍物和避免问题上会更好些。或者退一步，我们可以把船设计成双船体，或者安装一个更好的雷达。也许我们会想把整个行程再规划一遍，飞过去，或者开一个电话会议便好。

20世纪80年代中期，英特尔面临着一个类似的抉择，当时的英特尔看起来也快要"进水"了。市场要发生深刻转型的早期征兆清晰可见，英特尔受到了来自日本公司的冲击，利润大幅下滑。英特尔的高管们面临的问题是：英特尔是否应该继续在其已经大获成功的内存市场继续与对手竞争，还是就此转战半导体市场？

时任英特尔首席执行官的安迪·葛洛夫（Andy Grove）和创始人戈登·摩尔（Gordon Moore）听到了这一警钟，他们问自己，如果一个新的执行官来执掌英特尔会怎么做，于是他们意识到自己需要作个转变。在意识到这对公司而言是一个生死存亡的时刻后，他们对自己的商业模式进行了巨大的转变。[1] 英特尔在转型之初虽然有裁员和资金上的损失，但因为英特尔首先意识到这些残酷的事实，最终在微型处理器领域也取得了卓越的成功。

正如20世纪80年代的英特尔一样，我们需要面对一些严峻现实，作出全球性的人类尝试。我们有足够的信息听到警报并且面对这些现实。一个"大转变"势在必行，它会让我们更加健康，获得更大的盈利空间。因此，让我们开始聆听这三声最响亮的号角吧！

第一章　更炎热（与更清洁）
在一个更极端和更不稳定的世界经营企业

当"桑迪"飓风肆虐美国东海岸的时候，风暴眼几乎把新泽西夷为平地。凭借创新纪录的900英里的气势，"桑迪"席卷了西弗吉尼亚州到缅因州地区。海平面上升，纽约市城区被淹没，泽西海岸大部分地方无法住人。

随着破坏范围越来越清晰，另一个现实也更加凸显出来。除了汽车、树木和家园遭到扫荡以外，一同被扫荡一空的还有长期以来公众对于气候变化这一事实的质疑和抵触。《商业周刊》（Business Week）在封面醒目地写道："是全球变暖，蠢货。"《时代》杂志的记者迈克尔·格伦瓦尔德（Michael Grunwald）指出，气候变化长期以来被看做是一个浅显而次要的问题，只有环保主义者才会加以关心，并且他清楚地总结出了其中的荒谬之处："'桑迪'是一次不留情面的警告，受气候变化影响的主体是'人'。这是一个环境问题、一个安全问题，也是一个经济问题。"[1]

在飓风袭扰之后的一周内，纽约市时任市长迈克尔·布隆伯格（Michael Bloomberg），纽约州州长库尔莫以及其他许多领导者都承认，气候变化和极端天气之间的联系正在变得越来越清晰。他们都警告说，我们必须改变我们的运作方式，为一个被气候变化所困扰的当下做准备，虽然我们曾经希望这个"当下"能晚几年到来。

全球变暖、全球怪象、气候变化、气候中断、气候危机——无论我们把它叫做什么，其实说的都是同样的事情。温室气体（Green House Gas, GHG）曾让这个星球温暖到足够让我们进化并发展起人类社会，但现在温室气体的水平高得有点危险。气候变暖很大程度上是因为人类对化石燃料的使用和向大气的碳排放。有怀疑者指出，在这之前，地球已经升温，但也如气候专家肯·卡尔代拉（Ken Caldeira）在《科学美国人》（Scientific American）中所描述的那样："人类改变气候的速度比过去地球自然变暖最快时期的速度还要快5000倍。"[2]

平均温度不同的区域被称为"气候带"，而气候带正在以每天20米的速度变化着：在本世纪的后几十年，伊利诺伊的气候大概要变得和得克萨斯一样，夏季大部分时间的气温将达到90℉或100℉以上。[3] 这种变化速度会是一个大问题。正如卡尔代拉所说的："松鼠可能跟得上这种变化步伐，但橡树和蚯蚓可没办法这么快地移动。"[4] 具体来说就是，如果有办法，一个家庭可以迁徙，一个企业也可以搬迁，可是一座城市或者大片具有生产力的农田可没办法轻轻松松地端起来就走。

但是，即便有警告给我们当头一击，我们也很难处理这样的问题。矢口否认很简单，但也没这么简单：我们回避这个问题是有深层次的原因的。

气候变化的心理学

如果我们想找个难题来测试一下我们这个物种应对困难挑战的能力，那么气候变化就是一个接近理想的测试。气候变化的发展是缓慢的（直到最近）、复杂的，似乎在时间和距离上距我们也十分遥远。除此之外，应对气候变化需要积极的行动（我们更擅长被动应对）。不同于空气和水污染，气候变化是看不见的。但最困难的是，气候变化的责任及影响平摊在我们70亿人头上，为之采取行动就像牺牲，而这——说实话——并不是我们喜欢的。

气候变化充分体现了我们的心理优势和弱势。在社会发展的前一万年中，大部分时间都相安无事，但现在，它们让我们感到力不从心。对此，耶鲁大学气候变化交流项目的主任安东尼·雷瑟鲁维茨（Anthony Leiserowitz）总结得很好："你几乎无法设计出一个与人类的潜在心理更难匹配的问题了。"[5]

由于气候变暖的数字听起来并不是很吓人，气候问题也就很不易受重视。温度升高几度听起来或许还不错，但我们说的并不是在一个春光明媚的日子里气温从75℉上升到77℉。就像很多人所说的，恰当的类比是发烧。当你的基础体温上升1℉，你会觉得有点难受；如果上升5℉，你会变得病恹恹的；而如果上升了10℉，你就翘辫子了。

再想想，如果你发烧得越来越厉害，你的医生会采取哪些紧急措施？到了一定程度，降温就成了唯一重要的事。类似的，对于企业和社会而言，应对气候变化正迅速成为其"不惜一切代价"需要解决的问题，而其他任何一个目标都是次要的。理解这个现实是实现"大转变"的核心。

　　把气候变化作为对人性的终极测试，所有问题的核心是：当解决方案包括努力、投资以及打破我们传统经营方式时，我们是否还能共同携手解决一个击中如此多心理障碍的问题？

　　如果我们对通过这样的测试抱有希望，那么当科学家告诉我们这个问题有多大、我们必须多快行动的时候，我们必须相信。当然，科学家有时候也是会出错的，而且不幸的是，气候科学家犯错误已经不是一次两次了，但通常是他们的估计太过保守。比如，我们经常会看到这样的新闻标题，"北极冰川融化的速度超过了专家的预计"。

　　但随着情况越来越严重，专家们也变得越来越大胆而直接。世界上几百位最杰出的科学家已经签署了联合声明，说我们的生存危在旦夕。这份名为《维持21世纪人类生命保障系统》的共识文件直言不讳地指出，人类对自然生态系统的种种行为"很可能使得对人类繁荣和生存至关重要的地球生命保障系统受到不可逆转的损害"。他们呼吁"立即采取具体的行动"。[6]

　　这个观点听起来很极端，后果很可怕，其合理的应对是要对我们的生活和经营方式作出根本性的改变，所以这个观点很难被接受。现在的公司要求所有的行为都有明确的利益动机，公司管理者往往都不喜欢既昂贵又具有强制性的东西。但是，实现大转变很大一部分就是要仔细琢磨"昂贵"的真正含义，认真考虑本书中所提到的策略可以创造的一切短期和长期价值。是的，投资时我们的确是要权衡一下，制定能将公司变得更有弹性这一长期目标，但实际上我们需要在短期内做的事情也是有盈利空间的（比如能源效率）。

第27页

然而，在获得创造价值的技巧之前，我们需要了解挑战的规模，或者我们将其称为"万物的数学"。

气候变化的数学和物理学

虽然人类是直觉性的物种，我们的心理也给我们造成了一些挑战，但我们还是会尊重实实在在的数字，尤其是在商业中的数字。气候数学呼之欲出。在《滚石》（Rolling Stone）杂志一篇广受欢迎的文章中，气候学家比尔·麦吉本（Bill McKibben）利用非政府组织碳追踪器（Carbon Tracker）的一些重要分析，列出了三个我们应该注意的基础性气候数字：

> · 世界上的科学家说，如果要避免最糟糕的气候变化，那么自前工业时代以来，全球气候增长必须不超过2℃（3.6℉）。
>
> · 要把全球变暖幅度控制在2℃之内，全球只能排放5650亿吨二氧化碳。
>
> · 不幸的是，化石燃料行业的储备量相当于27 950亿吨二氧化碳，这是"安全"排放量的5倍。[7]

前两个数字将指导国家和公司对长期制度和目标的制定（例如，包括所有大国在内的141个国家，已经签署了《哥本哈根协议》，一个将气温上升控制在2℃之内的无约束力协议）。但这些

数字的真实含义是什么呢？我们需要多快的改变？为了回答这些棘
手的问题，我们可以从世界上最会处理数字的两家公司——麦肯锡 第28页
和普华永道——来寻找答案。

麦肯锡的全球研究所综合了两个其称之为全球目标的内容，
"稳定大气中温室气体的含量并保持经济增长"。首先，该研究所
假设中国、印度、非洲等诸多地区有着显著的增长。然后，分析了
要驱动全球经济增长需要多少碳。在人们燃烧煤炭、天然气、石油
来为灯火供给火力、保持交通运行的时候，所排放的每一吨二氧化
碳都在创造经济价值。麦肯锡估计，每吨二氧化碳的产生都将形成
740美元的国内生产总值（GDP）。

麦肯锡说，为了达到2℃限制的目标——碳生产力（即每吨
二氧化碳排放产生的GDP）必须上升，而且必须是快速上升，到
2050年之前达到10倍，比经济中任何投入要素的生产力增长都要
快。[8] 除去这个令人警醒的结论外，普华永道的一份报告补充说，
时间是我们的敌人，2℃的目标看起来越来越遥不可及。普华永道
建议要加快改变的步伐[9]（具体数字参见专栏"世界上最重要的数
字"）。

当然，所有这些计算都是以发表于同行评审期刊上千个研究
结果为基础的，98%的气候科学家对于这一切主要发现表示赞同。
世界各地的科学家整合了气候变化数据，随后，政府间气候变化专
门委员会（Intergovernmental Panel on Climate Change, IPCC）又对
这些数据进行了总结。在其2013年和2014年发布的最新报告中，
IPCC明确表示人类活动"极可能"导致了现在这种前所未有的气

候变化的速度。[10] 这就是科学家们说"我们知道"的底气所在。

第29页

当然，这并不意味着每个细节都是板上钉钉——IPCC的数字是基于整体的、极复杂的全球气候系统的模型上得出的。虽然在科学上非常明白地说，我们人类是气候变化背后的元凶，但关于气候变化会如何发展仍然存在着不确定性。例如，对于额外数量的温室气体排放会导致多大幅度的温度变化仍然存在着分歧，温室气体排放和温度变化将如何影响如干旱、洪水、飓风等特殊天气状况也还有待进一步研究。

即便是更加确切的数字，比如麦吉本所指定的全球碳预算，也存在部分变化浮动（部分原因是麦吉本的文章写于2012年，而本书写作时，IPCC已经在其2014年的报告中发布了一些数字）。总的来说，要想有2/3的可能性让温度上升幅度停留在2℃之下（我喜欢确定性更多一点，但这是IPCC提出的概率），那么在2050年之前，我们可以排放到大气中的二氧化碳预算最多为5650亿吨，或者低于此。这些最新的数字大部分表明，留给我们处理这些问题的时间所剩无几。本书中普华永道的数字反映出最新的被削减的预算。[11]

另一种比这些以亿吨级计算更容易理解的数字是IPCC近年来经常引用的。简单来说，到2050年，我们必须将碳排放量至少减少80%。从商业角度来看，5650亿吨的概念可能毫无意义，但削减80%是一个更容易理解的目标。

现在，我们尽快解释一下麦吉本的第三个数字，即以亿吨级二氧化碳为单位进行估算的全球化石燃料储量。

世界上最重要的数字

第30页

普华永道表明，要保持温度上升2℃以内，我们需要追求一个简单有力的目标：到2100年，将全球的碳强度（即单位美元GDP的碳排放量）减少到6%，这比当前的改善速度快9倍。这个每年6%的目标是我们集体福祉最重要的指标。

国际能源机构（IEA）在其《2012年世界能源展望》（World Energy Outlook 2012）中对这些资产问题给出了类似的结论："除非碳捕集与封存（carbon capture and storage, CCS）技术得到广泛应用，否则如果世界要达成气候变暖不超过2℃的目标，那么在2050年以前，化石燃料的消耗量不应超过已探明储量的1/3。"[12] 这个"除非"的条件可不一般，因为成规模的碳捕集与封存大多仍只是在构想阶段。

无论是麦吉本的5:1还是国际能源机构3:1的比率，能源部门以及控制国家石油化工储备的石油垄断者们的碳量都足以威胁人类文明。由于化石燃料储备已经在石油巨头的文案中，并且将会变成市场价值，我们面临着严峻的政治和经济挑战。这些世界各地的石油公司和石油垄断者们期待未来几十年获得数万亿美元的利润［来自资本研究所的约翰·富勒顿（John Fullerton）估计，这些剩余的"不可燃"储量价值至少达20万亿美元］。[13] 如果我们不使用这些燃料，根据汇丰银行的分析师计算，大石油公司60%的资产价值将流失。那你会花多少钱保卫数万亿的资产和利润呢？

尽管化石燃料行业存在着这些令人沮丧的数字和缺乏激励机第31页

制的行为（除化石燃料部门之外），还是有三个可以对碳行动保持乐观的原因。首先，追求科学的减碳目标是非常有利可图的。世界野生动物基金会（WWF）、碳披露项目（the Carbon Disclosure Project, CDP）和麦肯锡的数据研究表明，十年间，我们在碳削减目标上的追求已为美国公司创造高达7800亿美元的净现值。[14] 如果我们不走得这么快，那么这部分钱我们就不可能挣到。

其次，许多大的公司都对必要的减排规模设定了目标，有的已经达成了这些巨额减排目标。比如，帝亚吉欧（Diageo）北美分部，一个170亿美元的酒精饮料公司，5年内将碳排放减少了近80%（此事稍后再展开）。

第三，一大批兴起的公司认识到气候变化是一个严肃的商业议题，他们开始在这个最重要的议题上作出巨大转变。在那些回答碳披露项目年度调查问卷的世界大公司组织中，有近3/4（这一比例在2010年为1/10）表示，他们已将气候变化纳入经营战略。80%的公司组织认识到了气候变化给他们的企业所带来的真切风险，37%的公司组织把这些风险视作"当下风险"。[15]

更好的消息是，企业发现对碳排放的攻克是有利可图的。碳披露项目2013年的研究报告表明："回应碳披露项目调查的企业中有79%表示，减排投资的投资回报率（Rate of Investment, ROI）比平均商业投资的投资回报率要高。"[16]

气候不再是被隐藏的问题。所有的企业很快就会意识到，这一重要转变会创造出大量机会。

清洁经济的成长

第32页

根据汇丰银行统计，到2020年，气候经济，即提高效率、生产可再生能源、应对气候变化的一般性科技和服务，每年将高达2.2万亿美元。而这只是保守估计。我们正在谈论的是价值数万亿美元的部门的深刻变化：运输、能源、建筑、房屋等，一定程度上还包括水资源。

这一绿色经济会创造许多就业岗位。一项由国际劳工组织（International Labor Organization，ILO）所做的研究估计，已有500万人在可再生能源领域工作，而一个更加绿色的经济会为下一代创造数以千万计的工作岗位。许多国家正争先恐后地探索这一快速增加就业机会的模式，在新的效率技术、水资源基础设施、智能电网、可再生能源、高速铁路等领域进行了大量的投资。

这种规模的转变很难被快速吸收，也许有点像盲人摸象，但我们会在此发表一点见解。以下是关于资金花费的几个数据：

- 清洁技术的全球总投资金额已达到2500亿美元，其规模与20世纪90年代和21世纪前十年所建设的移动技术相当。
- 占世界石油储量19%的沙特阿拉伯，在太阳能发电上投资1090亿美元。
- 韩国承诺，将花费相当于国内生产总值2%，即1350亿美元，投资于环保行业和可再生能源。
- 中国在节能减排和污染控制上投资3720亿美元。

· 日本建立6000多亿美元的绿色能源市场，并将其视为国家增长战略的中心目标。[17]

再给一些这一投资所达成的成就的例子：

· 2012年5月的一个晴天，德国超过50%的电力供应来自太阳能。

· 2013年某一个冬日的晚上，丹麦的海上风电场所生产的电力超过当晚丹麦整个国家的用电量。

· 2012年，美国一半的新增电力来自于可再生能源（欧盟的这一比例超过70%）。

· 在中国，风能超过核能成为第三大能源来源。[18]

基于部分数据来看，可再生能源增长显著（从2007年至2012年，太阳能增长900%），并发展到国家级规模。[19]各国正在尝试一系列政策：从使阳光并不充足的德国成为世界上最大太阳能购买方的上网电价补贴（Feed-in Tariff），到澳大利亚的碳税，以及欧盟、北美和中国部分地区以及韩国的碳交易制度。这些制度都在推动可再生能源的实现。

当所有的投资都高达上万亿、部门急剧转变时，人们怎能知道谁会赢呢？考虑一下移动科技对世界的贡献，全人类知识的集合现在对于任何人而言几乎触手可及，我们可以联系到全世界60亿手机使用者中的任何一个。但这是马后炮。在创新科技发展的早期，很难说清好处是什么。比如，当电脑刚被发明出来的时候，看起来第34页很新奇。在1943年，IBM的总裁托马斯·沃森（Thomas Watson）说："我认为全世界的电脑市场就是5台。"24年以后，电子设备公司（Digital Equipment Corporation）的总裁肯·奥尔森（Ken Olson）仍然被局限在短浅视野里："任何人都没有理由会想在家里拥有一台电脑。"[20]

现在我们很容易对这个观点付之一笑，但即便是有远见的人也很难预测信息科技革命将如何呈现。谁能预测到联邦快递（FedEx）能成为数据之王？送快递看起来并不像是科技业务，但事实上它就是。改变世界的想法很少是按照你所期盼的路子来的。

清洁科技发展起来以后世界将会是什么样呢？这几乎没有预测的可能。但我们知道，在使用清洁能源、水和材料技术的新方式上，将会有令人震惊的赢家。我们几乎可以肯定地说，即将到来的投资和创新将让我们的生活变得更加美好。

这就是更炎热、更清洁的世界的强大优势。

第二章　更稀少（更富有）

资源正变得更昂贵

世界上近50%的生猪存栏数都在中国，不知是何缘故，这样似是而非的报道使我难以入眠。

猪在中国大量存在的现象说明中国经济急速增长和中产阶级的崛起正在对世界资源产生强烈需求。很难想象，一个有14亿人口的国家，其经济放缓只意味着7%到8%的增长。

对资源的需求

中国和印度这些发展中国家对资源的需求量令人吃惊。一家叫GMO的1000亿美元的资产管理公司的创始人和投资人杰瑞米·格兰瑟姆（Jeremy Grantham）做了不少有趣分析，对于生猪的统计数据以及其他许多数据都只是这些分析中的一部分。格兰瑟姆是期货专家，他简单描述了中国对于全球资源不断增长的需求。他指出，中国经济占全球GDP的10%。所以我们可能觉得中国对资源的需求也是10%，而研究数据显示，中国消耗了世界上25%的黄豆，超过40%的钢和铝，以及超过一半的水泥。[1]

中国已经意识到自己对资源的需求，并开始在世界各地收购资源和公司，从澳大利亚的煤炭和电力、到巴西和尼日利亚的石油，中国现在是非洲最大的贸易伙伴。在2013年年底，中国最大的猪肉生产商收购了美国肉类巨头史密斯菲尔德食品公司（Smithfield Foods）。[2]

不仅仅是中国，在印度、巴西、非洲以及其他地方数亿人口正排着队，等待在他们这一代跻身全球中产阶级行列，如果——这是一个大大的"如果"——物资足够的话，所有这些需求是新现实的一个核心驱动力：资源变得越来越稀少，因此也越来越昂贵。

好处：世界变得更富有

中国的中产阶级人口已达到5亿，中国消费者的时代已经到来。2013年11月11日，美国"网络星期一"的中国版（译者注："双十一"），网上购物狂潮掀起。中国网络零售商卖出60亿美元的商品，营业额破全球单日销售纪录（是美国纪录的两倍）。[3] 随着国家越来越富有，人们对包括汽车、食品、建筑物、服装、保险、银行、出游度假等的需求也越来越多。贫困人口的惊人崛起为企业提供了绝佳的满足新需求的机会，同时对共享资源的开发利用也是前所未有的。为了达到此要求，我们得让"大转变"成为新的运行方式。

供应挑战

第37页

资源和商品是支撑我们生活、经济的生僻词汇。所有的作物、金属和能源——我们衣食住行所用的一切均来自地球。而人们往往只有在价格飙升，或者事故发生凸显出开采这些材料的危险性时，才重视起这个基本的生物物理现实。

发现和开采传统资源已经变得越来越困难。我们在墨西哥湾表层下挖1英里开采石油，或者发明新技术来开采地下数英里基岩中的天然气可不是为了好玩。容易获取黑色能源的时代已经一去不复返了。

对企业而言，紧张而昂贵的资源是最显而易见且无可辩驳的寻求改变的号角。你不能讨价还价。例如，对食物有最直接依赖的公司正面临不断上升的成本，其结果是数百万人要应对可怕的粮食安全问题。

对企业而言，关键问题是高价是否会成为常态。所有的证据和统计数字都给出了肯定的答案。关于商品的长期价格，最佳的研究还是来自杰瑞米·格兰瑟姆，他将价格变化分为两个阶段：首先，整个20世纪的商品平均价格都有所下降，只在世界大战前后有巨幅波动；其次，从21世纪初起，价格开始大幅上涨。

来自麦肯锡的分析显示，21世纪的前十年，我们把自20世纪以来的生产力增长和价格下降都追平了。实际上，现在的价格比以往任何时候都要高（见图2-1）。[4]

格兰瑟姆的分析变得有趣的地方正是这里。他提出了一个基本的统计学问题：近期的价格上涨是代表了之前一个世纪不停不休下降之后的正常波动，还是这个坡度变化趋势有了根本性的改变？他的团队研究了数十种期货的价格。根据他们的计算，以铁矿石

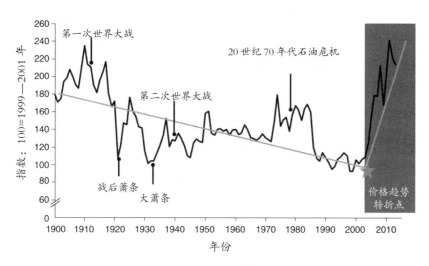

图 2-1　麦肯锡商品价格指数

注：指数值是基于食物、非粮食作物、金属、
能源四项商品子指数的算术平均值求得
来源：麦肯锡全球研究所

为例，"其维持价格下降走势的可能性仅为1/2 200 000"。[5] 简而言之，铁的价格下降的趋势已经不再。

铁是最极端的例子，但对于大多数主要期货商品，价格仍在下降的概率分别在1/50 000到1/50不等。简而言之，平均而言，我们经济和社会的投入成本是在上升的。但商业领袖们是否能理解这个现实？这个答案既是肯定的，也是否定的。

普华永道的一项研究表明，首席执行官们越来越关心能源和资源风险。过半的受访高管们说，这些问题已经"超过消费者支出和消费行为，成为增长前景的三大威胁之一"。[6] 高管们都感受到了

第39页

价格压力，但如果他们认为这是短期的问题，这种担忧就会逐渐消失。有趣的是，我发现这一新常态，投入价格的上涨相较于长期的价格下跌对于许多高管而言并无影响。在见证了其商业核心投入的价格翻倍后，一家大型消费品公司的高管说道："价格上涨时，我们会财源广进，但价格下跌时，我们会赚得更多。"

这个观点反映了对现实的理解不足。尽管商品价格会波动，但现在来看主要是在上涨的。想一想，在日常定义中，上行的趋势意味着什么。价格会波动，当价格下跌的时候，它们通常会下降到比上次下跌点更高的位置；而当它们再次上涨时，它们将涨至比上次峰值更高的价格。这种资源价格模式的变化是一种真正的范式转变，这也是大多数公司还没有做好准备的"大转变"的驱动力。减少材料使用的必要性正在上升，而国家和公司想要保持盈利，唯一或者说全部的出路就是大大提升效率。

杰瑞米·格兰瑟姆在向投资者提交的季度报告中很好地总结道："世界正以惊人的速度消耗自然资源，而这也造成了其价值的永久转变。我们都需要调整自我行为来适应新环境。如果我们快速行动起来，应该会有所帮助。"[7]

会有很多人认为，"胆小鬼"对资源忧虑的声音从未断绝，并一直可追溯到18世纪末的托马斯·马尔萨斯（Thomas Malthus）。但怀疑者指出，技术一直在拯救人类，即使容易获取的资源不再有，但人们越来越擅长从极度荒凉之地寻找和提取资源。马尔萨斯错了，因为他无法预见化石燃料的大爆发将推动世界继续前进150年。在一定程度上，我也认为，我们通过对另一种能源的大规模开发可以避免当前某些资源的紧缺，而这一次是在可再生能源方面。

我们先把可再生能源放在一边，需要明确的是，在一个有限的世界里，在任何事情上复合增长是不可能的。我们可借可再生资源来获取能源，但我们不能从稀薄的空气中提取金属、食物或水。

尤其是水，带来了许多特别的挑战。

水，水，随处可见……

水就是生命。无论是饮用、种植、医疗，还是娱乐等，水存在于人类生活的方方面面。水连接着巨大的力量，它让我们知道"更炎热"和"更稀少"的真正含义。而且因为气候变化正在深刻地影响着水，我们需要理解这种资源的一些重要细节。

首先，来自美国地质调查局的一些数据显示，尽管水覆盖了地球表面的2/3，地球表面上所有的水也只够装满直径为860英里的球体，其中仅有2.5%是淡水，而且大部分的淡水都被锁在冰层或者地下，我们可以从湖泊和河流中获取到的淡水用一个直径为35英里的球体就可以装下了。就像美国地质调查局所说的，这个数量"满足了人们生活中的大部分需求"。[8]

这点水资源对我们70亿人口（且还在增长）来说并不是很多。

气候变化正在改变各地的水文模式，一些地区变得更加湿润，但是许多地方变得更加干燥。水的可获取性已成为人类发展、人口增长和业务运作的关键限制因素。对于农业企业或以水为基础的产品公司（如可口可乐、百事可乐、雀巢水业和南非米勒酿酒公司）

第41页

来说，水资源至关重要。这些公司一直在积极地解决这个非成即败的问题。在一些地区，其经营许可依赖于他们如何管理水。最值得注意的是，在印度喀拉拉邦，可口可乐对水的利用曾经威胁着自己在这个庞大且不断增长的市场做生意的能力。

水也是商业和工业发展的关键，例如，水力压裂技术开采天然气需要数百万加仑①的水，建筑、电力、制药等均需要用水。即便你所做的业务貌似不需要太依赖水，但当你审视价值链时会发现并非如此。你所依赖的某些人迫切需要水。如果再将基础设施供应商和与水相关的市政系统考虑在内，摆在你眼前的将是一个影响数十亿美元市值的资源问题。

经济的兴衰很大程度上取决于水的供应，而这一情况目前尚未得到改善。当前，20%的世界经济产生在水资源匮乏的地区。预测显示，到2050年，45%的全球GDP（约63万亿美元）将面临着风险。[9]

但一切都在说明，水与其他商品不同。许多人将水称为"下一个油气资源"或者"新型碳"，但简单这样说还不足以说明问题。正如我与同事——水专家顾问威尔·萨尔尼（Will Sarni）所写的那样，水与碳有很大的差别。水本质上是当地的，因此不能转移（而对于碳而言，任何地方的减排都有相同的价值）。此外，相对于其实际价值来说，水的价格长期被低估，部分原因是水被视为一项人权。最后，水对于人类的生存是必要的。[10]

除了气候变化，如何管理集体用水已经变成本世纪最大的挑

---

①加仑，英美制容积单位，美制 1 加仑等于 3.785 升。

战。不幸的是，水的问题并不是单独的。我们要很快弄清楚，世界不仅是有限的，也是复杂的，相互连接的。

联结：食品、能源、水……和玉米饼的暴动

壳牌石油公司已经创建了无数被其称为"紧张关系"的报告和网站，这个紧张关系源于联合国的一项基本预测："到2030年，世界不断增长的人口和繁荣将使得全球对水的需求增长30%，对能源的需求增长40%，对食品的需求增长50%。"[11] 这是许多感受到资源紧张的公司的热门话题。"联结"的想法可能听起来很简单，"我们在一起"似乎只是问题的合并，但对于社会和企业如何发挥作用，它有重大影响。我们的挑战不仅是如何大量生产，更是资源的相互联系。

图2-2就联结元素之间究竟是如何连接的提供了几个基本统计数据。我们需要大量的水来生产能源，我们用几吨的能量来处理和加热水，我们食物中的大部分都是生产生物燃料的能源等。让情况更加复杂和严重的是，许多资源都浪费了：美国人浪费了58%的能源，全世界浪费了约1/3的食物（价值7500亿美元）。[12]

这些关联以惊人的方式影响着世界。2007年，超过7.5万人走上墨西哥的街头，抗议玉米饼——这一数百万家庭的主食——涨价。一系列的连锁反应导致玉米价格飙升400%，《恢复力》（Resilience）一书对此进行了清楚地解释：

第43页

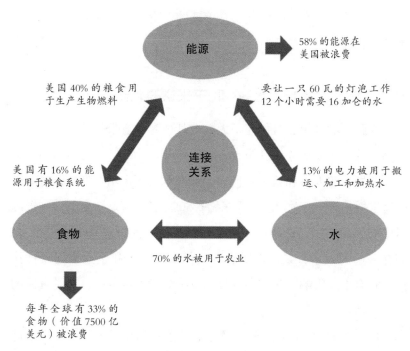

图 2-2 食物 – 能源 – 水联结图

· 卡特里娜飓风迫使墨西哥湾95%的石油生产关停数月。

· 油价飙升。

· 作为石油的替代品，乙醇的价格相对便宜许多。

· 乙醇投资激增。

· 对用于制作乙醇的非食用玉米的需求上涨，食用玉米用量削减。

因此，一场风暴以及随之而来的对更多乙醇的需求让部分墨西哥人挣扎在饥饿边缘。[13]

生态足迹与超标

因此，你可能会问，如果我们面临这样的资源紧缺，为什么世界上看起来还是有很多东西（对于那些承受得起的人来说）？毕竟，好市多（Costco）的货架库存充足。这个回答部分来自于"超标"的概念。一个国际非政府组织，全球足迹网（Global Footprint Network），是计算我们集体生态足迹的工作中心。全球足迹网将"生态足迹"定义为"一种换算个人、人口或某种行为所消耗的资源和吸收其排废所需要的、具有生物生产力的土地和海洋资源的衡量方式"。简单来说，全球足迹网告诉我们，要支撑我们目前的消费水平，我们需要1.5个地球。我们每年都资源超标消费约50%。[14]

这与我们看似的丰饶间有一个脱节，而这种脱节源自我们可以用简单的商业术语来定义的一个核心问题：资产和收入之间巨大的差异。我们有很多资产（树木、金属、化肥、鱼等），其中有些每年都会得到补充——这是存在我们全球自然赠予账户里的新利息。但我们对存款的消费速度要超过孳息速度（我们花费了约1.5倍的利息）。如果你获得的自然赠予数量庞大，然后将资产本身当做收入一样恣意挥霍，那么在严重问题暴露以前的很长一段时间，你都会毫无察觉。

世界各地的领导人都意识到来自水资源、能源和资源限制的风险。在2013年世界经济论坛全球风险报告中，受访者将温室气体排放加剧和供水危机视为全球经济体四大潜在风险中的两个。如果这些预测应验，对于"什么风险造成的影响最大"这一问题，受访者

第45页

将"供水"排在第二，仅次于"重大系统性金融风险"。在先前一份研究中，世界经济论坛2012年全球议程里，"资源稀缺"被排在全球趋势的第四位。

"我们将需要更大的船"

当我在考虑资源紧缺时，就会想起经典影片《大白鲨》（Jaws）中意识到船只太小而无法与野兽搏斗的布罗迪警长（Police Chief Brody）。

一方面，我们面临的是需求的快速增长，另一方面则是物品供应的严重紧缩，而这主要源于人口和财富的持续增加。一些聪明人士冷静地说，世界只能负担得起几十亿人，但是我们该如何将90亿人口下降到20亿？碰运气可行不通，70亿人可不太愿意自己主动退出。也许，资源短缺将引发一场野蛮的、霍布斯式的资源争夺战。但是，这样近乎核战式的争夺战很可能会让我们连20亿人口"目标"的实现都会出现偏差或者落空。

除了末日先锋式（Mad Max）的观点，我们需要更实际地去思考，需要变得更加乐观。我们可以处理这些资源压力。但首先，我们需要假设人口预测是相当准确的，我们只需要处理喂饱更多人这样的现实问题。考虑到世界各地需求和财富的增长引发了空前的资源紧缩，以及食物-能源-水的紧密关联关系，最根本、实际的结论究竟是什么？

首先，不够精简的公司和国家在竞争中会被淘汰出局，生存能力将面临严峻的挑战。其次，我们必须创新解决方案，创造出巨大的新财富。

　　技术上的创新至关重要，但我们也必须质疑我们所作出的战略选择——以及这些选择所反映出的价值观——探索共享或协作的消费模式。技术和信仰体系的深刻变化会产生一些失败者，比如那些不能转型的物质和能源密集型公司。而技术和信仰体系的深刻变化也会产生一些大赢家，那些帮助客户消耗更少资源并降低这些资源消耗影响的组织会做得很好。

　　为作出这样的变革，让数十亿人过上高质量的生活，我们需要在资源效率（特别是能源和水）以及材料科学上进行彻底的改革。在企业运营上，例如如何在产品使用寿命结束后重新在其身上获得有价值的材料，我们需要"异端"（编者注：亦可理解为"标新立异"）的创新；在走向减少消耗的业务模式上，我们也需要"异端"创新。

　　这个"异端"创新就是我们需要更大的船。

第三章　更开放（也更聪明）
无处可藏

"老虎"伍兹在2013年高尔夫大师锦标赛的第2轮第15洞时，将其第3杆打入水中。他将掉落的球捡了起来，放回原位继续挥杆，最后以3杆的微弱优势领先。接下来发生的事在职业运动史上可谓史无前例。

一名知识渊博的粉丝，同时也是一名兼职高尔夫球锦标赛官员在电视机前观看这一切。他注意到，伍兹在放球的时候违反了一个细微的抛球规则，并把他的顾虑通过信息发了出去。规则委员会于是对世界排名第一的伍兹处以2杆的惩罚，让伍兹出了局（伍兹名列第四）。一些评论家认为这一裁决实际上使得伍兹免于被取消比赛资格。[1]

现在，似乎我们所有的意见都是重要的——至少我们认为如此。分享和协作是好的，但正如伍兹事件一样，也有不好的一面。如果一个粉丝可以左右一场全球电视直播的体育赛事的结果，那么成千上万的人运用技术所赋予他们的"扩音器"能做些什么便可想而知了。

每个人都是批评家

第48页

类似change.org平台的一些热衷使用者们能够聚集很多人来挑战公司运营的方式。超过12万人签署了一份请愿书，要求甜甜圈连锁店唐恩都乐（Dunkin'Donuts）禁止使用聚苯乙烯的杯子。当环保题材的电影《老雷斯的故事》（The Lorax）上映时，一个四年级的班级向环球影城请愿，要求其在该电影的网站上讨论环境问题。环球影城在几天后就按照要求改变了电影的网站。

有些孩子对蜡笔生产商绘儿乐（Crayola）不甚满意，因为他们无法对绘儿乐的马克笔进行回收。在2012年的Change.org的请愿活动中，有很多留言来自像9岁的扎卡里（Zachary）这样的孩子。扎卡里写道："我喜欢你们的马克笔，但是我想告诉你们，它们在产生污染。所以，我可以请求你们回收马克笔吗？我喜爱你们的产品，但我讨厌污染。"这些故事对于公司而言都是小小的警示音。[2]

第二年，绘儿乐的确发起了一个叫"色彩回收"的新项目，从学校回收马克笔，并把这些废弃的塑料转变为液体燃料。但公司难道不该在之前就认识到这个会削弱自身品牌形象与销售的环境和社会问题吗？

当然，客户意见和客户投诉之间的界限往往很模糊，但如果公司真的想搜集意见，那么对于二者的区分就要很小心。2006年，通用汽车公司首次尝试了一个"有趣"的实验，是最早的以用户生成的，或者说"众筹"广告的尝试之一。通用汽车让公众为雪佛兰Tahoe量身打造广告，希望能够产生轰动。成千上万的提案涌来，但要说有很多提案极具批判性一点也不过分。

其中一则自制广告这样写道："喜欢这样白雪覆盖的荒野？最好趁现在去极力体验，然后和全球变暖问好。雪佛兰Tahoe。"

另一个广告方案则是："70美元加满油，驰骋不到400英里。雪佛兰Tahoe。"[3]

这可不是雪佛兰品牌执行官所希望看到的。我希望，现在的公司可以准备得更好。但在这样一个开放、每个人的意见都可被听到的世界，你永远不会知道有人会对你的品牌做些什么。

本地消亡

如果你打开视频分享网站（YouTube），在搜索框中输入"联邦快递"，第一条自动跳出的信息是"联邦快递送货员扔了我的电脑显示器"。这个视频的点击率超过900万，视频里是一个快递员在七英尺[①]高的安全栅栏处扔下一个装有易碎电子设备的包裹。

联邦快递可以说是美国最佳的商业成功案例之一，它讲述了一个商业神话，一名企业家创造出的世界级服务巨头，开辟了一个全新的产业。联邦快递在2013年《财富》杂志最受敬仰的公司中位列第十，在许多方面，从创新（它先于大多数公司之前就将信息科技列为自身的战略优势）到财务、环境，再到社会表现，都被视为遥遥领先的领导者。所以联邦快递的高管一定不会乐于看见公司的声誉因为一个员工的行为岌岌可危。

不管怎么说，联邦快递绝非个例。近年来很多公司都发现，一个令人感到尴尬的视频可以被人们病毒式地疯传。欢迎来到新的

---

①英尺，英美制长度单位。1 英尺等于 0.3048 米。

透明世界，随时随地发生的一切都可以改变一个全球性的品牌。我们生活在一个后维基解密/布拉德利·曼宁/爱德华·斯诺登的世界。我们知道，美国国家安全局（NSA）一直在收集其公民互联网和手机使用的数据。

第50页

任何事都可能遭到曝光，没有什么是完完全全本地化的了。

你不能避免员工做愚蠢的事，但你可以主动一些，跟踪并与客户和其他利益相关者分享信息，将那些可能潜在损害公司品牌的因素扼杀于摇篮之中。

预先共享的最佳案例之一是服装领导品牌巴塔哥尼亚（Patagonia）推出的"足迹编年史"——一个网络查询工具。巴塔哥尼亚说："保证供应链的透明能够帮助我们减少负面的社会和环境影响。"该网站让使用者们在一幅标满与巴塔哥尼亚合作的纺织作坊和工厂的地图上随意点击和放大，在供应链上追踪特定的产品，显示他们总的能源、用水和排废影响。

大公司也在越来越多地收集自身供应链上的信息。在2012年和2013年孟加拉的工厂惨案之后，美国公司并不愿意签订改善工人工作条件的多方协议（存在法律责任顾虑）。但沃尔玛确实是迈出了伟大的一步，与一家名为"劳工之声"（Labor Voices）的小型创业公司签订合同，这样便有了出乎意料的简单方法来更多地了解员工的生活和工作条件——通过电话与他们交谈。

这可能听起来很愚蠢，但想一想，中国有超过10亿的手机，孟加拉国有1亿部手机——绝大多数成年人人手一部。劳工之声提供给工人们一个可以拨打的号码，以便他们完成关于自身工作环境的自动调查。公司也通过工厂对工人进行访问，撰写匿名报告，讨论他们的工作环境、薪水、员工招聘策略以及其他问题。沃尔玛聘请了这个小小的、能驱动透明的公司，从孟加拉近300家分包商那里联络工人并搜集信息。[4]

如此一来，沃尔玛就能清晰地洞察其供应链情况，很大程度上避免了大规模、代价高昂的破坏性事件（甚至是致命事件，如火灾和厂房坍塌）。沃尔玛是明智的，未雨绸缪，防患于未然。

想一想2012年年初的苹果事件。苹果公司在中国有一个组装生产平板电脑和手机的制造商——制造业巨头富士康。富士康恶劣的工作条件遭到曝光，苹果发现，坏事传千里，发生在中国的丑闻并不会只停留在中国。我们对于装配流水线上的人有了更深刻的认识，讽刺的是，我们正是通过这些工人组装成的产品了解到这一点的。真相迟早会得到曝光。工人、顾客、消费者会用产品的生产信息来决定他们想为哪家公司工作、想买哪家公司的产品。

交易中的决定因素

一家大型连锁酒店与我分享了它从大型企业客户（主要是那些经常因为活动预定数百个酒店房间的企业客户）那里得来的问题清单。"你是否测量碳排放？消耗多少能量？有多少是可再生的？是否使用环保清洁用品？有没有减排计划？"等等，但我最喜欢的是这个直截了当的要求："请提供文件。"

每个公司每天都在面临越来越多这样的问题。几年前，IBM开始要求其主要供应商（2.8万个）跟踪能源使用、温室气体排放、废物产出等核心环境数据，IBM的供应商也必须公开分享这些数据。但有趣的是，这些供应商也要求他们的分包商做同样的事。IBM的高管们把这种做法叫做"级联效应"。所以不仅仅是IBM在加强开放，它也带动供应链上的各方加强透明度。[5]

保持彻底的透明度已成共识。每个想要保持竞争力的公司必须回答一些尖锐的问题，尤其是来自其商业客户（甚至是客户的客户，如IBM供应链的例子）的问题。许多公司谈到他们的环境或社会表现通常是如何成为销售中的权威的：拥有更好的背景信息的公司和产品，有良好的数据支撑，才可以签下更多的合约订单。

但是，有一些比打破关系更微妙的事正在发生。要说最成功的绿色产品，丰田普锐斯算是一个。在其最受欢迎的时候，与其竞争的混合动力产品还很少，想要买混合动力车的人中有超过一半的人只看普锐斯，其他的车根本没有进入这些人的视野。[6]环境和社会问题正逐渐成为越来越多情境中的决定性因素，尤其是企业对企业（B2B）的情况下。如果你没有达到顾客越来越高的标准，你根本都进不了比赛，无法参与竞争。

这个新的开放世界不是我们可以选择的。无论我们喜欢与否，我们都要分享更多关于运营的信息。许多公司不免会因为给出具有竞争性或者保密性的信息而感到紧张，但如果不这样做他们就要为自己无法回答客户所提的问题感到惶惶不安。投入这场运动是有好处的。

通过公开信息，公司能够与顾客和其他利益相关者进行真实对话，用开放、创新的手段来汇聚新的想法，生产新的产品和服务，

第52页
第53页

解决大问题。追求彻底的透明度也能为大力提升业绩创造一个强有力的理由。若想在开放的世界中保持竞争力，你得生产更好的产品——低碳、节水、减排、无毒的产品。这些产品需要在安全的环境下由依靠工资谋生的人生产，这一点适用于整条供应链。

数字大师唐·塔普斯科特（Don Tapscott）和生活购物导航网（GoodGuide）的创始人达拉·奥鲁尔克（Dara O'Rourke）见证了彻底开放且势不可挡的透明度进程。就如他们所说："如果我们都要赤身裸体，那么最好先练出腹肌！"[7]

大而沉重的数据

考虑一下这些数字：

·每一分钟，互联网有550个新增网站，8.2万次无线应用下载以及220万次的脸书（Facebook）点赞和评论。

·有一半18～34岁的人醒来的第一件事就是查看脸书，28%的人起床之前会看一眼脸书。

·每个小时，我们都会在视频分享网站上上传6000小时的视频（每年浏览这些视频超过千亿次）。

·每一天，我们会发超过4亿条推特（Tweet）。

·每个月，一个普通美国青少年发送的短信数量多达4000条。[8]

所有这些数字在你读到这段话的时候还在不断被刷新。

　　且不说政府（或者国家安全局）和企业，单说个人，都在收集数字生活各个方面的海量信息。我们的现实生活也是如此：人们正在购买耐克智能健身腕带（Nike Fuel），FitBits智能手环和其他跟踪器来记录每天所迈的步伐、燃烧的热量和睡眠的时间。所有的这些数据都是在我们个人生活中产生的。

第54页

　　从城市交通流向到记录温度和能源使用的建筑系统，从水系的流量和质量到食物跟踪系统，从我们真实世界中收集数据的做法也促成了信息的爆炸。想想我们从建筑物和家用能源表中收集的数据，每年只产生12个数据（抄表员每月来一次）。但在美国北部，电力公司已经安装了6000多万个智能电表，每个电表每年收集3.5万个数据（每15分钟一次）。[9]

　　IBM的首席执行官威尼·波尔塔（Wayne Balta）说，所有这些数据都是"实体与数字基础设施的融合"，"这也为我创造了全新的'自然资源'"。加上每天发送的30亿封电子邮件和收集的所有商务数据，你将得到庞大的数字。波尔塔讲到人们每天生产的数据达到2.5亿字节。[10]这是多大的规模呢？我完全没有概念，但显然数量非常庞大。

　　所以我们可以用所有这些信息来让世界更精简、更环保、更繁荣，对吧？没错，是这样。但这里存在一些障碍。首先，有一个鲜为人知的挑战阻碍了这看上去势不可挡的数据增长，而这个挑战也把我们带回了"更稀少"的章节。要储存所有这些信息需要大量的基础设施，消耗不少资源。"云技术"虽然听起来轻飘飘的，但也还是挺沉重的。

物联网

我们不仅仅能分享如此多的个人信息，现在我们用的家用电器之间也可以相互对话。一项由美国电话电报公司（AT&T）和碳作战室（Carbon War Room）的研究表明，机器对机器（M2M）技术能够将全球的碳排放降低19%，节省数百亿美元。[11]我们的家用和办公电器的运作时间会根据电网的峰谷用电时间开关，在一天中最有效和最低价的时候运作。机器对机器技术完全不需要人类实际操作，就会为飞机、卡车、汽车和火车优化最佳路线，提高建筑物利用率，减少食物浪费。

科学巨头惠普为这种规模的增长拉响了警钟。惠普在《华盛顿邮报》投放的一系列广告中分享了一些惊人的统计数据。第五大用电国其实根本不是国家，而是云技术（它排在中国、美国、俄罗斯、印度之后，在日本、德国、加拿大之前）。根据惠普的计算，每两天，世界上所产生的数据比从历史之初到2003年之间所累积的数据还要多。惠普估计，要支持这样的数据增长，在3年之内需要10个新的发电厂。惠普的广告用数字清楚地把这个问题总结为："不可持续，怎么样来看都是。"[12]

很明显，惠普并不是主张我们要停止收集数据。因为这则广告是惠普用于推广其新产品登月系列服务器（Moonshot）的一个部分，登月系列服务器是一个能耗极低的数据中心系统。技术部门竞相提供新的节能方式支持我们的数据习惯。这是我们创建的清洁经济的一部分。

因此，假设我们找到了后端问题，也找到了消耗碳能更少的数 第56页
据储存空间的方式，但还有一个关于大数据的问题显得十分棘手：
我们能拿这些数据做什么？这些新兴的"数据科学家"可以用最新
的分析工具分析信息，帮我们解决这些巨大的挑战吗？我们能够大
大减少能源、水资源的消耗吗？能大大减少食物和材料浪费吗？我
们能把建筑、交通和能源系统变得更为高效吗？

大科技公司似乎是这么认为的。许多公司把自己视为数据分析
的救世主，致力于寻找如何运用这些数据解决问题的答案。用IBM
的波尔塔的话说，"用分析，而非用直觉"来做决定是IBM使命的
一部分，利用数据来让企业、城市和全世界都变得更为有效和高产
是IBM"智慧星球"的品牌定位核心。

注意：数据驱动与数据引导

每天，公司都在用新的方式使用数据，精简公司，更好地
了解自己的运营状况和客户，以及推动创新。大数据将帮助我
们找到新的解决方案。我们需要被数据引导，而非受制于它。
当我们收集到更多的信息时，就可能会发现一些作用不大的虚
假相关信息。我们可以用越来越细致的方式在价值链上分析产
品的影响，但这个边际效益是递减的。我们需要向正确的方向
去运营，找到价值链上风险和机遇的所在。[13]

小数据

除了搜集像建筑物和基础设施这样大型物体的大量信息，我们还在产品层面搜集更多的信息，而且很多是先前难以获得的。我们运用新的工具，让商业客户乃至消费者掌握数据。生活购物导航网公司对20万个产品进行了信息搜集，并从三个维度——健康、安全、环境——给每个项目打分。对于产品背后的成分、生命周期影响、企业的环境和社会绩效，生活购物导航网都增加了评估和判断。生活购物导航网让数以百万计的网站访问用户和苹果手机应用程序用户得以实时比较产品，无论是在线上还是在商店（购物者可以用手机扫描产品条码）。

一些公司正在试图引领新的透明性需求。第七世代（Seventh Generation）在其产品的标签上列出了所有的原料成分。家用清洁用品品牌Windex和Glade的制造商美国庄臣（SC Johnson）推出了"www.whatsinsidescjohnson.com"这一网站，以便零售商和消费者可以查询其产品的原料构成。

现在的我们可以把细节放大任意程度仔细观察。我们可以把大数据分解成实时可用的"小数据"，当提供产品和服务级别的数据，买家可获取他们所需的信息，这些小数据就能够影响到销售。

但是，如果消费者们觉得自己被一个开放世界的信息和连接性赋予了极大的能量，因而他们不再过多的消费了，那怎么办？

让我们分享：协同消费

第58页

信息技术和数据革命创造了一种新型商业。我们见证了协同消费的开端，这是"共享"的一个时髦表达（所以也许是一种古老的商业形式）。

这种趋势的一个最出名的例子就是共享汽车，而热布卡（Zipcar）是其中最著名的玩家。其76万会员可上网找到附近的一辆热布卡，用自己的钥匙卡解锁，并按小时使用车辆。公司拥有汽车，给车上保险，并负责定期清理。

共享的概念正渗透到许多行业。爱彼迎（Airbnb），一个可以将自家房间出租出去的网站，现在已经成为世界上最大的"酒店"连锁之一，在192个国家拥有超过25万个床位。[14] 耶尔德尔（Yerdle）是共享经济的最新成员，它类似于易趣网，但它有免费的东西。在耶尔德尔上，人们可以将不想要的所有物品发布，而他们的脸书好友只需支付运费就可以索求该物品（耶尔德尔从中获得部分提成）。

这些新共享模式的环境效益颇为可观，不用生产另一辆汽车或者建造另一家酒店，为你准备丢弃的物品找到其他用途，这些都可以大大减少生产该产品或服务背后的资源消耗。对于每一辆共享的热布卡，会员们相当于卖了（或者无需购买）20辆车，热布卡的用户们也比汽车拥有者们少开80%的里程。[15]

共享对传统商业构成了威胁。耶尔德尔的联合创始人，沃尔玛可持续发展部的前负责人安迪·鲁本（Andy Ruben）承认，协同消费正在严重破坏正常的业务模式。比如，大规模的共享应该会减少对服装的整体需求。鲁本说，生产更加可持续、更持久的产品的公司，如巴塔哥尼亚或者耐克，仍旧可以在消费总量整体萎缩的形势下占据相对较大的份额。在一个资源越发稀缺的世界，人们更倾向于使用耐用的、可以给朋友和家人再利用的产品。[16]

第59页

为《美眉校探》（Veronica Mars）众筹

人们分享的不仅是产品，还有使命。类似于kiva.org和Kickstarter这样的网站可以让我们对关心的事项进行捐款，或者筹集款项来发布新的业务和产品。现在，创新者可以直接向公众呼吁，而非从风险投资家或者其他资助者那里购买想法。例如，热播剧《美眉校探》有超过90万的粉丝在众筹网站Kickstarter上为该剧的电影投资进行捐款。制片人在短短的11个小时内就实现了200万美元的筹款目标（最后募得的总资金达到570万美元）。所以电影投资和娱乐将永远不会一样。[17]

下一代的消费者和雇员在十分不同的世界里长大，他们是在一个完全透明和分享的环境中成长的。他们并不期待秘密能够长久保密，不管这些秘密有多么敏感（有没有人知道维基解密）。所有事都是他们的事。

但是从积极的一面看，如果每个人都参与其中，你可以马上从上百万人中找到最优秀的头脑。

开放的绿色创新

在18世纪，水手们在大海上只能用南北（纬度）来定位自己。除了推算，他们无法清楚地知晓自己的东西（经度）方位。这让开往新大陆的旅程更危险。1714年，英国政府开出了高达2万英镑（相当于今天的400万美金）的奖金，奖励任何可以想出切实可行确定经纬度方法的人。[18]

第60页

两个世纪后的1927年，查尔斯·林德伯格（Charles Lindbergh）作为单人飞跃大西洋第一人而赢得了2.5万美元的奥特格奖（Orteig Prize）。2004年，X奖基金会将1000万美元的奖金颁给了第一家成功制造出（两次）可回收载人宇宙飞船的私营企业。

显然，一直以来创新都是开放的。想法可以来自四面八方。

近年来，向世界寻求解决问题的方法恢复了强劲的势头，在商业世界尤其如此。流媒体公司奈飞（Netflix）提供了100万美元的奖金，用于奖励任何可以改进电影推荐算法的人。该竞赛是这个拥有丰富数据、由IT支持的透明新世界所完成的首个实例。奈飞向全世界开放了反映客户喜好的部分数据。获奖团队中有来自四个国家的七位工程师和统计学家，远程合作的他们在颁奖仪式上首次见面。

十多年前，宝洁创造出最早的大型开放式创新过程。宝洁寻求任何关于产品的优秀想法。作为回报，宝洁将根据庞大的市场营销和推出产品的影响力来给予这些人适当的酬劳作为回报。外部人士为宝洁的品牌拓展带来了一系列的想法，如Swiffer地板清洁装置、佳洁士转动牙刷和玉兰油护肤这一产品线。[19]

其他公司也采用开放式途径来动员大量的人，尤其是在对话中动员员工。2001年，IBM开始使用在线讨论工具开启创新大讨论。2008年，IBM的第三次创新大讨论吸引了15万员工的参与，产生了新的业务思路，其中就包括IBM"智慧星球"项目的前身——"大绿色（big green）倡议。"[20]

开放式创新工具包对应对巨大挑战十分有用。我们正处于一个强大潮流的开端，多数公司都已涉足。喜力啤酒为能够提高包装环保性能的最佳提议设置了1万美元的奖金。我最喜欢的两个想法均来自同一个人，不过不幸的是都没有得奖。此人提议：蜂窝状的罐子，可以更加紧凑地装载到卡车里，从而可以节省很多燃料；"啤酒桶车"——一个不需要包装的滚动的巨型啤酒桶。想象一下把这样一辆"啤酒桶车"开到兄弟会所是一番怎样的场景。

其他公司，从通用电气、汉莎航空，到联合利华，都一直在尝试用奖品、大讨论和公开求助的方式来解决巨大挑战。开放式的创新革命将是大转变中至关重要的工具。我们现在可以让员工、客户和任何人参与进来协同合作，以盈利的方式解决复杂的问题。推到台面上的想法越多，我们也就变得越智慧。

所以到最后，对于信息透明度、连接、共享和开放式创新的发展趋势，我持乐观态度。这种巨大的力量应该帮助我们解决在气候更加炎热、资源更加稀缺的世界中所面临的挑战。

但在我们关注帮我们进行大转变的10个关键性策略之前，首先了解一些关键原则以及阻碍我们的系统性障碍吧。

第四章　新思维
原则与障碍

前几章阐述的蓝图应该会激励我们前进，但在行动之前，我们需要一个能与这个更炎热、更稀缺、更开放的世界相一致的心态。为了实现大转变，公司和高管们必须摒弃那些商业处理社会和环境挑战方面的旧的、先入为主的观点。

这并非慈善事业

首先，我们要停止询问愈发超现实的问题："这从商业的角度看有什么意义？""可持续性"这个词的含义是指能够持续做你正在做的事的能力。那么我们为什么必须证明投资那些使我们持续运营的倡议，或是那些可以驱动创新、创造低风险、有弹性企业的策略是正确的呢？

最简单和最典型的答案就是：商业中的一切必须在投资回报方面证明自己的价值；所有的想法都在争夺资本。第一个答案在一定程度上说是个迷：当然，任何商业策略都需要自证可以创造价值，但是在商业中，我们大量的决定是在没有完整（或者没有任何）有关回报的信息的情况下作出的。例如，对于市场营销、研发或者进入新地区的投资决定，通常是在对确切的财务回报无从期待的时候（第九章将对这一问题进行深入讨论）进行的。

第二个答案更是引人注目，也是一个真正的问题。公司没有无限的财力或人力资源来把注意力集中在每个问题上。然而讽刺的是，我们的经济理论都在假设整个世界确实是有无限的物质资源。但显而易见，这并不真实。

慢慢的，可持续性的真谛正融入公司的主要战略之中，他们正在远离陈旧的商业案例讨论。2013年年末，沃尔玛的某一大型可持续发展"里程碑式"的会议上，公共事务部的执行副总裁丹·巴特利特（Dan Bartlett）坦言："对于可持续发展和商业是否能够携手并进的争论，我们可以让它消停了……我们能够用实际的指标证明这是最好的生意。"[1]

为了节省时间，我在这本书中做一个关键的假设：关于绿色环保对企业有利的基本想法，我们无需再怀疑［如果您仍然心存疑惑，请参阅附录A中我总结的环保策略的基本商业逻辑，或者就此打住，好好读一读我之前写的《从绿到金》（Green to Gold）］。

但至关重要的一点是，要消除这种有害的、相互关联的想法：即绿色商业并非商业，而是"拯救地球"行动，仿佛这是一种与我们相互分离、独立的实体。但事实上，"地球"是个模糊的概念，它实际上是一个巨大的仓库，这个仓库提供了稳定的气候、食物、矿物质、清洁的空气和水，以及我们赖以生存的其他资源。这些东西并非锦上添花，而是世界经济和社会赖以生存的资产根基。这就引发了一个逻辑上的问题：正如已故伟大企业家雷·安德森（Ray Anderson）喜欢问的那样："终结地球上的生命有什么商业意义？！"[2]

第65页

大转变策略和倡议既创造了商业价值，也创造了环境和社会价值。这并不关乎公民、企业社会责任（CSR）或是"行使正义"。

或者更简单一点说：这并不是慈善。

当然，很多的环境和社会问题都有道德的一面，比如完善供应链，使得生产无毒化、没有人会因为生产T恤衫而死去。但是我们所谈论的这些策略——比如管理稀缺的资源、降低对化石燃料依赖的风险、构建能够应对极端天气和气候变化的组织、创造安全的工作环境、通过开放的科技来向各方获取新的想法——能够创造巨大的价值。

那些不采取转变策略来应对这些问题的公司会逐渐发现自己的利润、市场地位和企业整体价值会随着时间的推移而被侵蚀。在宏观层面上，我们要么应对这些挑战，要么就只能看着自身运作和繁荣的能力受到威胁。所以用一句同义反复的话来说就是：用确保未来的方式来做事才能确保未来。这是一个很不错的商业案例。

第66页

但是为了实现这一步，我们需要一系列新的运作指南和原则。

> ## 大转变的标志：美国铝业公司
>
> 美国铝业公司（Alcoa）的首席执行官克劳斯·克莱因费尔德（Klaus Kleinfeld）表示："可持续发展在美铝不是走走形式，也不仅仅是一种哲学理念。相反，它是我们所做的一部分。"公司的可持续发展报告清楚地表明，"在美铝，可持续发展的定义是，利用我们的价值，与所有利益相关者一道，共建利润丰厚、环境优越、具有社会责任的公司，这样就会为我们的股东、员工、客户、供应商以及我们工作的社区提供长期净收益。"[3] 这听起来像慈善吗？

大转变原则

爱因斯坦有句至理名言："我们不能用产生问题的同一思维来解决问题。"[4] 我们需要想出如何才能解决当今的巨大挑战，该用什么原则指导我们的商业呢？

为了回答这一问题，我考虑了一系列问题，而商业领袖对这些问题有着独特的视角。思考这些问题的三种方式如表4-1所示：绝大多数西方高管可能仍然会有一种自20世纪商业全盛时期开始有的传统观点；"清洁绿色运动"是越来越多的公司持有的新兴观点，这种观点很大程度上符合从绿色环保到经济效益的哲学；大转变原则，我们可以，也必须维持商业、经济和物种的平衡发展。

考虑一下，商业运行的焦点应该是什么，关于这个问题，领导者们的观点在如何演变。

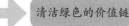 传统的"四面墙" 清洁绿色的价值链 大转变体系

表 4-1　三种解决不同商业问题的方式 第67页

公司观点	传统	清洁绿色	大转变
运作			
运作重心	"四面墙"	价值链	系统
运作模式	线性	曲线（部分环形）	环形
影响，足迹	必要的，未测量的	减少的	零到再生
价值链指标，数据	不可能的	缺失，不足的	必须的，热点，数据导向
员工	终身合同	出于意愿，但参与	合作伙伴，共同创造者
规则	敌对	防御	杠杆、主导
清洁创新	未被探索的	渐进的，生态效益	开放、颠覆性，异端性
绿色目标	表面的	自下而上的	科学的
可持续性组织	孤立	矩阵的	整合的
可持续性目标	公共关系（如果有）	降低成本与风险	相关、繁荣
理念，前景			
风险，持续性	已投保	预测并有所准备	对"抗弱性"有抵抗力
外部性	外部化的	认可的	内部化的
性质	剥削	警惕，尊重	仿生
外部利益相关者	矛盾的	有序，缓和	开放，合作，包容
竞争	战争	休战，合作	预竞争性
创造价值	短期收益	短期收益	短期和长期共享价值
对社会的贡献	工作，经济	工作，经济，但更清洁	解决大挑战
增长，消耗	进步标志	必要的，被控的	重新定义的，脱钩
大挑战	无意识，不屑一顾	新颖，自信	完全激活，谦卑

回顾商业史，许多组织的重点和责任放在他们所直接控制的事物上，局限于所谓的"四面墙"之内。在清洁和绿色的世界中，经过先前模式的演变，公司开始考虑全部的价值链，或许还会帮助减少供应商和客户影响。但是在下一步，如果采用大转变的视角，公司甚至需要在自身价值链之外去了解整个体系，比如，在农业上，把食物系统看做整体，再比如，将区域性用水系统看成一个整体。

第68页

在表4-1中，我为三种世界观列出了一系列问题和建议原则。我不会在此详细描述某一条，但我想谈谈三项支撑大转变的新思维，也是贯穿全书的总体原则：脱钩、再生（零的超越）以及循环。

脱钩（重新定义"增长"）

说到"增长"，我们有两个主要的基于物理的问题。首先，没有足够容易获得且低成本的东西去支持物质福利的预期改善（约有10亿人在下一代将步入中产）。这也是"更加稀缺"的大挑战的本质。具有先见性的公司正在意识到，为了实现华尔街和其利益要求的持续性增长，他们必须在不增加能源、水资源等材料的情况下去经营。一些组织将增长与投入有效地剥离开来。

图4-1展现了雀巢的运营数据。十几年来，雀巢这一食品业巨头的产量增加了53%，但是减少了所有的主要投入——排废减少了将近一半，能源消耗降低了6%，用水量减少了29%。[5]这些变化不禁令人印象深刻，考虑到我们所面临的气候和资源的巨大挑战，这些变化也是必要的。如果我们要继续改善所有人的生活水平，我们

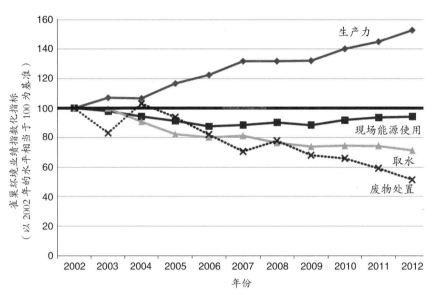

图 4-1　雀巢 "脱钩" 的数据

数据来源：根据雀巢数据产生

必须在不给自然资源造成压力的前提下去做。

"脱钩" 正在取得一些进展。联合利华的首席执行官保罗·鲍尔曼（Paul Polman）之前恰好是雀巢的首席财务官，在他领导下，联合利华设定了一个野心勃勃的目标：在2020年之前，将产品生产制造和使用过程中产生的环境影响减半，与此同时还要将收入翻倍。[6] 沃尔玛最近宣布了相当进取的可再生能源和效率的目标，它的首席执行官麦克·杜克（Mike Duke）说："我们将进一步把自身发展与温室气体排放量的联系分离开来。"[7]

将业务增长与材料使用脱钩是关键的第一步。但我们有另一个更大的挑战：所有的增长都需要被重新审视。基本的逻辑很具有说服力，即便可再生能源可以令我们在能源使用量方面有一些增长空间——通过将好的东西（能源）从不好的东西（碳）当中脱离出来，但这只是一个理想。最基本的增长量计算可不会永远奏效，甚至不会持续得很久。[8]

目前的运作模式——持续和复合型增长——就是和现实无法兼容。以目前全球的GDP增长率（5%～6%）计算，49年内，世界经济将从今天的70万亿美元增长到1千万亿美元。如果像沃尔玛和埃克森美孚这样市值达4500亿美元以上的巨型公司设置了两位数的增长目标——这是华尔街稀松平常的要求——那么这两个巨头分别需要在23年内完成4万亿美元的销售额，在50年内达到50万亿的销售额。

期待原来设定的短期增长目标能够持续，会让我们面临一系列问题，因为我们透支了地球的承受能力。这通过简单计算就能明白。我们需要在现在的经济体中定义成功，尤其是成功对于大公司而言意味着什么。成功自身作为一个目标应该让位于"繁荣"——一个更加健康、数字上更为可行的想法。公司要做的不是无限地增加利润，而是提升产品服务质量、客户体验、社区健康，改善员工生活。

以规模论成功的公司将会取得传统意义上的成功。他们将战胜竞争对手，并可能通过占有市场份额而有所发展。但这样的行为不会长久，想要实现持续增长，他们需要将物质资源的使用减少为零，甚至更少。

第70页

再生（零的超越）

零是一匹黑马。"填埋场零垃圾"的目标已经从绿色通道的梦想变成了商业常态。宝洁的140家生产厂里有近50家是零排废的。通用汽车现有100多家零排废工厂，由此将支出变成了数十亿美元的利润。杜邦的建材产业在三年内将排废由8100万磅降低到零。所有这些公司的一小部分不能回收的废物也都得到了妥善利用——废物管理公司（Waste Management）利用这些废弃物进行发电，电量足够约100万个家庭使用。[9]

第71页

在废物处理领域之外，零的理念也在涌现。零售商对于自家塑料商品中不允许有邻苯二甲酸酯（增塑剂的主要成分）和双酚A的严格规定，体现了商家对于一些毒素的零容忍。沃尔玛和宝洁为100%可再生能源设置了鼓舞人心的目标，即（在能源被生产的时候）基本做到碳零排放。惠普实验室则致力于开发一个"整个生命周期中净能源消耗为零"的数据中心——"整个生命周期"指的是从资源开采和制造到运营，再到周期结束。[10]

朝着零排放的目标前进的步伐明显带动了创新行动。构思了"三重底线"概念的约翰·埃尔金顿（John Elkington），最近写了一本书叫《"零"航员》（Zeronauts），这本书讲的是"决心将碳、废弃物、有毒物质排放量以及贫困者的数量降为零的一种新型创新者"。[11]

但是一些人也在质问，把这些东西消除是不是就足够了。环保建筑师比尔·麦克唐纳（Bill McDonough）和他的合作伙伴迈克尔·布罗加特（Michael Braungart）在他们的作品《从摇篮到摇篮》（Cradle to Cradle，这一词由20世纪70年代的建筑师沃尔特·史塔赫创造）中建议我们对废物处理进行重新思考，寻求"向上循环"，即在物品被使用过后让它们的价值得到提升。

　　真正推行"大转变"的公司会把"零"作为一个起点，然后创造出具有恢复性的产品和企业。想象一下能让周遭空气更加清新健康的建筑（比如美国铝业公司就在生产能够清洁空气的建筑面板）；或是能够产生比自身需求更多的电量的房子，能反过来给电厂输电；或是穿完以后埋在土里，自己会通过生物降解释放出种子、长成大树的鞋子；或者是能够从空气中吸收大量碳成分的农场。这些东西现在都真实存在着。

第72页

先决性

　　我们对于这个星球有基本的功能需求，以维持正常的经济运转、追求较体面的生活品质。英格兰未来论坛的联合创始人乔纳森·普瑞特（Johnathan Porritt）这么描述这一挑战："如果我们无法保证自身的个体生存，那么其他所有高尚的追求或是腐败的自我利益都无从谈起……其他所有的东西都是基于学会在地球系统和极限内可持续性地生存这一前提之上的。追求生物物理性质的可持续性是没有商量余地的，这是先决条件。"[12]

　　"先决条件"一词简单扼要，切中要害。它要传递的信息很清楚：如果我们不保护好自己的自然资本，即世界资产负债表上的资产，那我们就要破产，玩不转了。

循环

实现"零影响"的一个关键是把每一个可以闭上的循环闭合。我们目前的体系丢弃了很多有价值的东西。咨询巨头麦肯锡通过计算认为"循环经济"——以重复使用更多产品、组件和"珍贵材料"为显著特点的经济，每年在欧盟经济中将占到6300亿美元。[13]在全球范围内，循环的价值将超过万亿美元。

避免开采、收割和加工原材料，转而使用可回收材料可以从根本上降低不良影响并节约大量资源。许多行业，尤其是铝、钢、水泥、塑料和造纸业都清楚地意识到这里面的经济道理——比如回收的钢铁要比直接提炼的钢铁节省40%～75%的能源。

服装行业正双脚踏入这一领域。巴塔哥尼亚可能是第一家将产品回收利用的服装公司。这家公司正在推出可循环的产品，如可以回收生产更多拖鞋的人字拖。彪马则生产了"摇篮到摇篮"系列的鞋子、服装、配饰，包括用回收的聚酯瓶做成的Track夹克衫。[14]英国零售商马莎百货（Marks & Spencer）通过其"旧衣换新衣"活动，将回收旧衣物的纤维制成新衣出售。服装品牌北脸（North Face）也有类似的项目——"衣物循环"。从未被超越的耐克则在上海开了一家完全由垃圾（包括超过5000个铝罐、2000个水瓶、50 000张唱片和光盘的可回收利用材料）构成的商店。[15]

这些努力都是一个好的开端，但真正的循环经济需要许多新科技，在设计上有先见之明，并且敢于挑战环保领域看似权威的观念，例如，"绿色"的定义是什么，"天然"是否总是更可取。比方说，生命周期研究表明不良影响最低的服装面料是涤纶，而非有机棉。

第73页

所有这三个原则——脱钩、再生和循环——越来越成为当前管理手段中的一部分，而非遥远的未来。汽车巨头奥迪的董事会主席鲁伯特·斯塔德勒（Rupert Stadler）说："循环经济、增长与影响的脱钩，这并非未来的趋势——而是我们当前的现实。"[16]

第74页

脱钩、再生、循环联合起来讲的就是一个简单的事：在自然界，没有什么是废物。尤其是后两个原则，其实就是自然的核心运作原则。我们的星球，除了太阳能（以及偶然而至的、让恐龙灭绝或是吓坏通勤中的俄罗斯人的陨石）外，就是个封闭的系统。死去的、分解的东西不是被吃掉就是被别的东西再利用。

大自然靠着这打磨了逾50亿年的原则成了最为高效的机器，我们如果能从中学到点什么就智慧无比了。我们机械的、以人为本的系统可以效仿这些基本原则，同时再将自己的聪明才智运用到系统中。我们可以给系统来个现代的、人性化的转变。创造了"仿生学"一词的著名生物学家詹妮·本与斯（Janine Benyus）让仿生这一概念在商业中得以扬名，虽然这一定义本身还是不太清晰。但在其中还是有着很强的逻辑。自然是一场幸存者的残酷游戏，它从数万亿的实验中将最弱的想法残酷淘汰，自然是世界上资金最多、在世时间最长的实验室。

在《反脆弱》（Antifragile）一书中，纳西姆·塔勒布对自然所产生的一切表达了敬畏之情。他说，事物存在得越久，就越能表现它们的柔韧性和强大。正如他所说："我对大自然的敬畏完全是基于统计学和风险管理的基础上的。"[17]换句话说，不从自然界的最佳实践中学习是不合逻辑的。

　　这三个基本原则是"大转变"的核心。在这些原则下运作和思考有着深刻的影响，他们也会直接导向表4-1中"大转变"一栏里的其他系统状况。他们也为我们所需要的策略提供了路线图。真正将这些原则——即一个具有可持续性的世界的先决条件——转变为现实，需要许多实际的策略。在这些策略中，就有对价值、科学的目标，以及对异端创新的需求（即"视野转变"的元素）的长期思考。我们必须学会对外部性进行估值和内部化转换，将政策和规范向竞争优势和共同优势方向引导，形成能够创造价值的合作和预竞争性伙伴关系。最后，我们需要注意在构建体系的时候把弹性融入进去，而非仅仅只是降低风险。所有这些策略将是本书第二部分的重点内容。

第75页.

　　在继续往下写以前，我有另外两个关于如何成功让商业运作方式发生深度变革的想法。首先，我的工作，也就是这本书的大部分，是在叙述我们的经济和社会的基础支撑——更是我们赖以生存的地球的生物和物理能力。但明显，没有人也就不会有社会的存在，也就谈不上对社会的拯救。我们需要有包容性，从各种背景的人那里寻求洞见和帮助，因为每个人在共同的未来中都有利害关系。此外，如果我们将每个人的观点和贡献囊括进来，我们所提出的解决方案将最有效、最富有创意。[18]

　　其次，巨大的挑战可以引发具有商业威胁性的风险，也可以创造巨大的机遇，追求可持续发展要求良好的资金支持与整合。在大多数公司里，负责思考巨大挑战并要想出应对措施的管理者往往受人尊敬——常常从一个生产线经营的职位调动到另一个高级职位——但很少被给予他或她所需要的资源。让执行官用影响力和组织机构去推动改变的发生是一种推脱。

　　有像联合利华的保罗·鲍尔曼或者可口可乐公司的肯特（Muhtar Kent）这样的老板的管理者们是幸运的（肯特说自己就是首席可持续发展官），相对于这些管理者，有数以百计的公司的管理者们在推动可持续性策略方面并没有来自首席执行官级别的支持。拨给用于控制环境和社会风险的预算本来就少而又少，而且随时面临着在经济不景气时被砍掉的风险。现在再想一下，如果同样的情况发生在您的首席营销、财务、采购或生产官身上，是不是觉得很荒谬？

第76页

　　在一个"大转变"的世界里，我们将要建立的是能向自然最佳借贷的公司和经济体。随后，我们再加入自己的聪明才智，将我们的足迹降为零（甚至能恢复资源），并将物质福利的增长从物质投入中剥离开来。而我们要建立的系统将关注于长远利益，会是以科学为基础，用数据做引导，是异端性的、相互合作的、富有弹性的、包容的且资金充足的。

　　这听起来很美，但做起来并不简单，而且在这个过程中还可能会有一些障碍。

宏观和微观的问题

　　为了把"大转变"策略的障碍放到真实情境中考量，让我们用清晰、实际的方法来好好看看这个在世界范围内几个世纪的经济试验中的大赢家——资本主义。以资本主义的本质来看，其本身就是可持续性世界的大障碍，但如果应用得当，它也会为我们提供最好的希望。

资本主义的强项与弱点

温斯顿·丘吉尔有句名言："民主是除其他所有形式之外最糟糕的政府形式。"同样，资本主义是我们发现的最好的经济体系——按理说，要比"除了其他以外最糟糕的"要好得多。没有其他体系能比资本主义在资源与解决方案、资本和想法、人员和工作方面进行匹配做得更好了。

但如果就此失去对资本主义的批判，认为资本主义完美无缺，这样的想法是很危险的。资本主义是一系列复杂的方程，是用来解决一系列问题的方法，但这并不意味着它会为我们的生存而自然地把情况最优化。我们能够很容易地利用这个强大、高效的体系来加快完成我们的构想——而这恰恰也是问题的所在。那些将市场和资本主义作为终极目标的公司，定会用无情的精准性榨干所有共享的资源，比如渔场、干净的水源和稳定的气候。

从之前的一些重要思想家和我自己的工作中，我看到了资本主义制度一些宏观层面的问题[19]：

> ·没能对"外部性"进行很好的评估，也就是经济学家所说的，在经济投入（自然资本）和产出或影响（如污染、气候变化等）的正常市场运作之外的部分。

> ·对未来系统性的偏见，并使得收益从长期来看没有价值的贴现率（用资产管理人杰瑞米·格兰瑟姆的话来说就是，贴

第77页

现率就是让"你的孙辈一无所有的东西")。

·对自由市场和亚当·斯密的"看不见的手"解决问题的能力深信不疑。

·使用有缺陷的指标,尤其是GDP,因为估算了一些存在错误的东西(比如,像疾病和漏油事件这样的负面结果反而会增加GDP),而没有对繁荣程度进行衡量。

·盲目追求"最大化"增长,而不是优化价值和福祉,完全认识不到持续的指数性增长是不可能的。

·贫富差距日益扩大。

·全球对话中对于部分社会阶级和声音的系统性忽视(尽管现在科技把我们所有人连接起来,给了被剥夺权利者以发声的机会)。

·无法应对大型的、系统的、长期的社会和经济威胁。

把这些问题称为"缺陷"也许并不准确。亨特·罗文斯(Hunter Lovins),一个对于我们的经济体系有着长期思考的思想家,告诉我说:"真正的问题是,我们正在践行的是一种坏的资本主义。"在《自然资本主义》(Natural Capitalism)一书中,罗文斯和她的合著者们列举并批判了经济学家所定义的自由市场所固有的一系列破坏性极大的"幻想"。这些"幻想"包括完美的信息,广泛的对个人效用最大化的追求,以及消除垄断、补贴、障碍、摩擦或影响市场最佳运作的其他任何形式。[20]

但我们可以解决所有这些问题。比如,把数字放在我们当前并不重视的事情上，是消除很多差距的核心战术。有了正确的估值，比如对碳价格的估值，市场可以施展它们自身的魔力。

魔力通常是个正确的词。出于充分的理由，我们通常接受资本主义，并把它作为经济胜利者。资本主义体制有很大的优势。我所引用的书或理论中，没有一本是反资本主义或反企业的，尤其是这本。我不反对市场或者赚钱，甚至是赚大钱。

但是我们不能将短期利润最大化和幻想中的市场置于我们的繁荣和生存之上。如果我们不把解决气候变化和资源稀缺问题作为企业和社会的核心诉求，那么我们将根本不能把价值甚至利润最大化——我们一定会面临剧痛、资源稀缺、人力和经济的损失。

第79页

资本主义的挑战与私营部门今天所面临的其他方面的问题紧密相关。企业的受欢迎程度降至史上最低。策略大师加里·哈默尔（Gary Hamel）在乌马尔·哈奎克（Umair Haque）的《新资本主义宣言》（The New Capitalist Menifesto）一书的前言里写道："我也许是资本主义热忱的支持者——但我也明白，个人有上帝赋予的不可剥夺的权利，但公司没有……管理者们必须明白，他们现在面临的艰难选择和每个青少年所面临的如出一辙——老老实实开车，否则就吊销你的执照。"[21]

幸运的是，下一波的公司领导人已做好对体系的运作机制提出质疑的充分准备，也许他们也准备好要修复公司破损的名誉了。当哈佛商学院的教授瑞贝卡·亨德尔森（Rebecca Henderson）开了一门叫《重新构想资本主义》（Reimagining Capitalism）的新课的时候，她原以为报这门选修课的学生也就几十人，但在最近的这个学期，400名学生——近一半的研究生——都想上这门课。[22]

往大了说，"大转变"就是资本主义和公司如何运作、我们又该如何利用这些想法去为所有的人创造一个更加繁荣的世界。

阻碍大转变的四大障碍

尽管宏观层面的担忧挥之不去，但我还是更关注于微观经济层面的表现。换句话说，阻碍公司进行"大转变"的到底是什么？又有哪些可能的解决方案？表4-2总结了这些公司层面的障碍以及能够跨越它们的关键性策略（并列出讨论这些想法的章节）。对每个问题，公司要解决的是一系列独特的挑战。让我们看看大多数公司和组织所面临的四个主要障碍。

第80页

表 4-2 "大转变"的障碍和解决方案

障碍	解决方案（公司层面）	章节
规模（和相互关联）	数据和回馈（循环）	第三、四章
	激进的效率（目标）	第六章
	弹性计划	第十四章
时间线（短期主义）	新科技、产品、服务	第七、十三章
	激励措施	第五、八章
	设定科学目标	第六章
估值（未被估量的内容）	内部政策	第九章
	修改投资手段（投资回报率）	
	新的估值手段	
	外部性估值	第十章
	影响政策（外部）	第十一章

续表

障碍	解决方案（公司层面）	章节
筒仓效应	体系和价值链思考	全部
	透明度，对话	第三、十二章
	开放创新	第七、十二章
	伙伴关系	第十二章

规模和相互关联性

这一点看起来似乎很明显，但我们面临如此艰巨的全球规模的挑战，常常会很难把握。它们以复杂的方式深刻交织在一起。我在第二章讨论过的"食物-能源-水"的联结，并清楚地表明人人都联结在一起。仅规模本身就可能导致你的大脑停止运转了，当我们尝试理解气候变化的数字时，我们会好奇："10亿吨碳排放是什么概念？更别说是5650亿吨了。"

解决方案的大小要与挑战的规模相匹配。因此只有通过激进的效率——比如80%～100%的改进——我们才能把问题控制在可以处理的范围内。我们需要好的数据和其他的反馈机制来了解我们的进步，科技、产品和服务的创新必须是突破性和异端性的。最后，基于不确定性的水平，只有谨慎和有逻辑的方案才能建立富有弹性的公司和体系，才能应对我们所面临的挑战。

第81页

短期主义

传奇性投资家、美国先锋集团（Vanguard）创始人约翰·博格尔（John Bogle）在他《从短期主义拯救资本主义》（Saving Capitalism from Short-Termism）这本很棒的书的前言中这样写道：

"我非常担心的是金融市场上因对于股票价格短期波动的过度关注，而忽视了传统上对于公司长期内在价值的关注。"[23]

这种现象不仅存在于华尔街。如果说有比投资者还要关心股票价格的人，那就是持有很多股票期权的上市公司的管理者。当你只关注于接下来的几个月时，你很难长期投资任何东西——产品、想法、人、新的市场——更别说像气候变化和资源紧缺这样颇有争议的话题了。为了实现"大转变"，我们需要考虑的就不能仅限于那些能轻易取得的胜利（如能源，水和排废的削减），而要为长期效益做一些大的投注。

对于短期利益无休止的关注会极力地阻碍我们，所以这个障碍以及相应的解决方案将是第五章的关注点，也是第一个推动"大转变"的根本性实际策略。

估值差距（未被估量的内容）

在商业中，我们根据预估的收益来投入时间、金钱和资源。在很多情况下，用简单的逻辑来看，难以估值的收益是被假定为没有价值的。一些我们不重视的其他东西应被定义为外部性，但这些"其他东西"中有很多是可能会深刻影响企业价值的真正意义或者风险的内容——只是我们没将这些东西计算在内。这些无形资产包括品牌价值、经营许可、客户忠诚度以及吸引和留住最佳员工的能力。

短期主义和估值的难题加在一起形成了"大转变"的核心阻碍。要想绕过这个阻碍，我们需要新的激励措施。这样人们就会做对长期效益来说正确的事。我们需要认识到物理的现实并且能够在物理现实范围内有效实现以科学为基础的目标。我们还需要改变投资的手段，比如调整投资回报率的计算方法。此外在没有竞争劣势风险的情况下，公司不会轻易地重视一些事情，比如碳污染的社会影响。因此，他们需要以新的方式来推行政策并进行游说。

筒仓效应

所有的"大转变"原则和解决方案可以总结为"一个整体的、系统的世界观"。无论你喜欢与否，我们都是相互连接的，所以我们最好表现出认为这种联结是真实存在的。气候变化，资源稀缺，粮食、能源、水资源的关联，新的开放程度——所有这些都是有着深刻而复杂的、相互关联的体系的完美例子。但我们并没有去处理他们。

自一个世纪前亨利·福特（Henry Ford）和弗雷德里克·泰勒（Frederick Taylor）的"过程效率"（Process Efficiency）时代以来，我们便更专注于线性效率。我们可能再也没有这么多的装配线了，而且我们的确热爱我们的矩阵组织结构（matrix organization），但大企业依然主要以一步一步的方式处理问题。人都是专业化分工。

线性并不是不好，它让工作得以完成。但我们面临着新的问题，它们要求我们不仅要有逻辑性、同理心，还要理解我们行为的涟漪效应。我们需要跨过常规边界，转向基于系统的思考。[24] 我们必须依靠开放式创新，利用透明度的杠杆效应。这样一来，我们就可以创造不同种类的伙伴关系，这样的伙伴关系既会挑战我们对于

第83页

竞争的思考，又会让供应商、员工、客户之间的界限变得模糊。打破企业和社会的筒仓效应的手段正在出现和演变，但我们也需要打破自己思想上的一些障碍。

最后的障碍：我们

许多方面，比如我们如何看待这个世界，都会阻碍变化的发生。[25] 大多数心理问题不属于本书讨论范围，但我们在探索"大转变"的实用性策略上需要牢记一些障碍。

首先，我们都用类似的思维来诠释世界，例如固有的偏见，倾向于只去寻求支持我们当前观点的信息，或更愿意相信有明确案例的事件（例如"9·11"和其他恐怖行为）要比我们无法清楚描述的事件（如气候变化）发生的可能性更大。[26] 我们也有许多正如社会学家所说的"有限范围的焦虑"，而这些焦虑会导致典型的"紧迫性还是重要性"的困境。[27]

我们进化到只能够意识到那些可见的、可信的、短期的、近在眼前的威胁，因此对于许多问题，人们是看不见也不放在心上的。对于像气候变化这样进展缓慢、缥缈无形却又涉及数十亿人责任的问题，我们很难理解。一些指数级增长的问题，比如人口或资源问题，驱使我们去思考我们的消费还能持续增长多长时间（相信我，增长不会是无限的）。[28]

最后，我们都把自己的价值观和个人联系彰显出来。我们几乎无法预测导致执行者和政策领导者重新评估他们看待世界的方式的因素是什么。一个常见的例子是，在和孩子或孙辈交谈过后，个人的看法和价值观会发生微妙或深刻的转变，个人的重大变化就发生了。

在考虑过所有这些倾向以后，我们不得不处理那些有意的误导。老实说，化石燃料利益集团对气候科学的打压已经进行了多年，而媒体似乎乐意将每个问题都以两方均衡的样貌加以呈现。

总的来说，一系列的障碍似乎令人望而生畏，但障碍可以创造出真正的机遇。苏黎世保险公司（Zurich Insurance）的首席执行官马丁·善恩（Martin Senn）指出："世界更加复杂，风险也越来越相互关联；但如果你能够处理好这种复杂性，那么这个复杂的世界反而会成为一次机会。"[29]

所以如果我们了解挑战，然后快速勾勒出改变我们运作方式的最合乎逻辑的策略——这基本上也是本书的核心目的——那我们就可以及时改变方向并从中获利。我们可以创建一个更加繁荣、更加安全的世界。

那些关切未来并且开始"大转变"的人们正成长为一支队伍，许多人正在跨学科研究，冲破藩篱，运用新规。所以即便我们的道路上障碍重重，我也依然保持乐观。

所有这些都在脑子里，让我们现在深入到能够促成"大转变"的实际策略中去吧！

第二部分
切合实际的策略

Radically Practical Strategies

已故伟大企业家雷·安德森常常提起他著名的"胸口中箭"
式的转变，当他读到保罗·霍肯的《商业生态学》（The Ecology
of Commerce）一书后，整个看世界的方式都不一样了。正是个人
视角的深刻转变，改变了安德森的人生方向。他将自己所创建的公
司，英特飞模块地毯变成了全球最积极的以环保为导向的公司，追
求"可持续发展"。今天，英特飞仍然在向"可持续发展"进发，
向"零影响"甚至是"再生产"企业的目标前进。

何为圆，何为方？

几年前，我听了安德森的一场演讲，在问答环节，安德森的
一番话巧妙地抓到了"大转变"的精髓。一个年轻人站起来问道：
"安德森先生，我现在在商学院上学。我怎么知道我的教授们是不
是真的'知道'什么是可持续性呢？"

安德森的回答很简单："画一个圆，再在里面画一个方。问问
你的教授，哪个是环境，哪个是商业。"（见图P2-1）

我们的生命和商业都得到了成长，我们把世界中的很多东西都

图 P2-1　方与圆

来源：安德鲁·温斯顿对雷·安德森观点的解读

视为理所应当。我们把环境问题当做商业运作的一小部分。但事实上，我们才是那个小部分。人类所有的努力、所有的希望和梦想、每一个生命和存在，都依赖于这唯一的星球。这并不是嬉皮士的地球挚爱哲学，这就是事实而已。

我花了几年时间来理解这一深刻的事实，训练自己不去无视它，并且去处理它对企业造成的冲击。当你真正了解了安德森的这堂简单的课程，你就开始转变了。

但理解和行动是两回事。我们要执行这个新的理解就需要一个新的手段。因此我们现在要谈下那十个能够帮助你的公司作出大转变的实际策略。但在开始前，有一个小小的提醒：这本书是想要提供一个路线图，而不是一本百科全书。这是一个策略指导，因此接下来的论述并不是一个全面的，或是针对某一特定行业的执行计划。每一个章节都会阐述这些策略的必要性，它们会如何为正在执行策略的领导者们创造价值，以及应该如何开始这样的道路。

虽然想尽量简短，但这十大策略的总体效果绝不会太小。这些想法可以驱使企业的运作方式发生深刻的转变。这是我们面对巨大挑战时的实际应对，但很多策略对于高管们而言是颠覆性的。这样的颠覆性策略能调转人们对于什么是圆、什么是方的观点。

视野转变

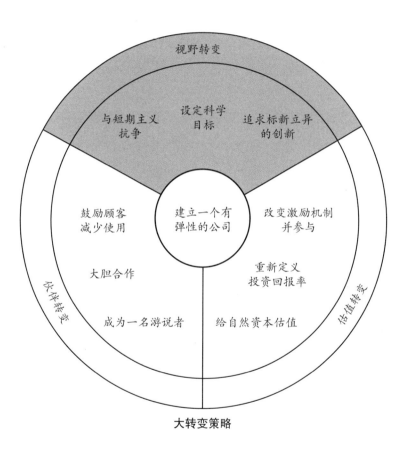

视野转变

设定科学目标

与短期主义抗争

追求标新立异的创新

建立一个有弹性的公司

鼓励顾客减少使用

改变激励机制并参与

大胆合作

重新定义投资回报率

成为一名游说者

给自然资本估值

伙伴转变

估值转变

大转变策略

第五章　与短期主义抗争

在一份对快销巨头宝洁公司严格公平的分析报告中，《财富》杂志列举了时任宝洁首席执行官的鲍勃·麦克唐纳（Bob McDonald）2013年年初所面临的挑战：市场占有率下降，声誉下滑，总的来说，用首席营销官的话就是："（宝洁的）组织结构可能并不适合当下。"

在分析完宝洁公司急需的变革后，记者詹妮弗·莱因戈尔德（Jennifer Reingold）发问："当华尔街强烈要求更好的收入回报时，宝洁的首席执行官会愿意开展真正的组织变革吗？因为变革会导致短期收益的减少。"[1]

当我读到莱因戈尔德的问题时，我认为整篇文章——实际上是整本杂志——应当关注这一问题所揭露出的目前商业中的问题。如果首席执行官和董事会因为可能对当季收入造成影响而不采取机构改革或者另作投资，那么公司如何发展或者创新呢？

试想：这一季度接近尾声，有个你知道肯定会盈利的项目，净现值（NPV）保证为正，但会减少你本季度的收入，你会投吗？

在一项调研中，我们同时向400名首席财务官提出了这个问题，他们中的大多数反馈说不会进行此项投资。此外，80%的高管会减少在研发、广告和日常维护方面的支出。[2] 为了保证每季度短期的收入，你裁减了这些方面的支出，那么后果是什么呢？逻辑上，你不投资具有很好回报的项目，并且在能带来长远价值的项目上削减开支，你的后期收入目标实际上将难以实现。

尽管这项研究的重点是充斥在企业中的短期主义，但只是说一句"想长远点"并没有用。正如金佰利公司的首席执行官托马斯·福克（Thomas Falk）告诉我的："强大的团队两者兼备，不仅有远大的视野，同时为了达成远期目标，他们会不断实现一个个短期的里程碑。"[3] 因此，为了给更大的投资创造资源，我们需要管理短期的价值，与此同时要创造长远价值。说易行难，但是事态已经过于向短期倾斜。

让我们转移一下话题，谈谈个人的幸福。难道人们不需要平衡当下和未来以创造幸福人生吗？眼前，幸福的最大化是坐在沙发上边看奈飞的视频边随心所欲地吃薯条。长远来看，你应该去健身房，保持均衡的饮食，把时间投在会让你非常有成就感，但短期却令你很难受（比如取得一个研究生学位或者养孩子）的事情上。如果你不平衡生活中长期和短期的想法，你的快乐、健康和生存就岌岌可危了。同样，商场中不乏类似的生死存亡的时刻。

问题的症结是什么？

这很大一部分取决于我们对季度或年度结果的执念的抵抗能力。在《文化冲突：投资还是投机》（The Clash of Cultures: Investment VS. Speculation）一书中，先锋集团的创始人约翰·博格尔清晰地阐述了投资者的预期投资时间和公司运营方式之间的关联：

当下盛行的短期投机而非长期投资的文化产生的影响已经超越了狭义的金融领域。这种文化会扭曲市场和商业运作的方式。在一个无法预期的世界里，如果市场的参与者要求短期结果和可预期的收入，企业便会作出相应的反应，用裁员、缩减开支、重新考虑研发开支来使收支平衡……当企业的第一要务是满足华尔街大佬们的期许，而非提供优质的产品和服务来满足当今消费者日益增长的需求时，这家企业不大可能会很好地为社会服务。然而，企业为客户和社会提供服务才是自由市场资本主义的终极目标。[4]

一个组织如果没有充分的时间思考未来，怎么可能实现"大转变"呢？这种变化即首先思考何为巨大的挑战，然后寻找实现目标的最为有利可图的路径。如果不挣脱短期主义思维的束缚，我们是无法解决像气候变化和资源短缺这种全球性问题的。挑战的关键是公司与其投资者的关系，无论这些投资者是大众股东、私人股权的持有者还是家族企业里拥有部分股权的众多亲戚——挑战都是一样的。

先说大众股东，也就是现在许多人说的股权拥有者。需要区分以下几个群体：华尔街的卖方分析师；机构投资者，既包括买方［例如黑石（Blackrock）和富达（Fidelity）这样的大基金管理公司］，也包括资产持有方（养老金、退休金基金和保险基金）。

卖方股东都是看重短期收益的，其余的人理论上会关注长期效益。但一个首席执行官告诉我："长期，对于买方来说一般就是18个月。"所以他们并不关心资源限制或是气候变化。相反，资产持有者看起来似乎更关注大的变化以及如何在不断变化的世界里进行投资。

例如，持有英国股票市场20%份额的英国保险商协会（The Association of British Insurers）一直在研究短期主义的影响。控制着高达87万亿美元资金的机构投资者支持"碳披露项目"，这就让向大公司追问如何处理气候问题更加有分量。

这一章，我主要关注的是更为短期的买家、分析师和交易员，他们都在创造着一个焕然一新的市场。

市场即赌场

今天的股市并不是你祖父的交易台。一个被反复统计的数据显示，股票平均被持有的时间是11秒，这已成为一个都市的传奇，部分是由高频交易的迅速崛起所致，博格尔把超过50%的市场交易量归结于此。

确切的数字难以得知，但是可以确定的是，股东们持股的时间都不是很长。联合利华的首席执行官保罗·鲍尔曼估计"1960年联合利华股票的平均持有时间是12年；15年前持有时间是5年左右；现在则不到1年。我们的股票并非例外"。在《从短期主义拯救资本主义》一书中，阿尔弗雷德·拉帕普特（Alfred Rappaport）也提到了类似的情况。他说，专业基金管理者持有股票的时间大概是1年，这与60年前的平均持股时间7年相比，可谓是大幅下降了。即使是这些数字也隐藏了高频交易对市场的影响——股票价格的突然波动在今天也变得更为常见。[5]

但现在几乎所有的事情都变得更加快速。世界上最大公司的首席执行官们平均任期已经从8年缩短到6年。[6] 考虑到任期变短以及赌场式快速交易的兴起，部分高管从逻辑上将会尝试把自己的策略与市场时间框架期望相匹配。这是不幸的，因为首席执行官本应该为企业和员工考虑，而不只是为了目光短浅的投资者。

显然，这里面有激励机制的问题。大多数股票的归属期都很短，今天的首席执行官就是被雇来保持股票价格的。但是在一个越来越没有逻辑的市场里他们能持续这样做吗？

市场是理性的吗？

高管们经常告诉我，他们不和投资者讨论长期的环保倡议的原因是"他们的股票会受到冲击"。但是如果市场是理性的，这样的冲击难道不该是很短暂的吗？换句话说，如果因为你谈起会影响短期回报的长期策略性投资行为而导致股票下跌，那么像沃伦·巴菲特（Warren Bufffet）这样的投资者难道不应该趁机买入、撑住股价吗？第98页

另一方面，如果市场是非理性的怎么办呢？股价的波动可能有比做投资决定更为奇怪的原因。当美联社的推特账号被黑客入侵，发布了一条关于白宫发生恐怖袭击的虚假消息以后，在短短几秒钟内，市场损失了1360亿美元。也可以想想2010年的"闪电崩溃"，在短短几分钟内，市场份额下跌9%后又回涨，这些都是因为一个大交易以及随后大量的高频交易引起的。[7]

如果市场是非理性的，那么我们为什么要让它来左右我们公司的方向呢？为什么要根据疯疯癫癫、捉摸不定的需求来做策略性决定呢？

两个关键性问题

大多数商业领袖都会同意，管理者们就应该创造价值。但是对于这个价值的具体含义有没有共识呢？即便他们有着长远的眼光，他们应该把财务中的哪一部分最大化，是收益还是现金流（或是其他）？他们最大化的是谁的价值，股东还是更大一批利益相关者？

股东还是利益相关者

在可持续发展的游戏中，我们当中的很多人都对股东利益被置于所有其他利益相关者之上感到失望，我们将这一问题看做许多弊病的根源。但是阿尔弗雷德·拉帕普特的《从短期主义拯救资本主义》改变了我的看法，他认为，股东价值并非真正的问题所在，短期主义和对价值的定义才是。拉帕普特将股东利益最大化定义为"关注于现金流，而不是收益；要为了长期而非短期进行管理；重要的是，这意味着经理人必须考虑到风险。但相反的是，很多经理人痴迷于华尔街季度收益预期的游戏和短期股票价格，从而违背了股东的长期价值。"[8]

第99页

如果你想要创造长期价值，拉帕普特建议道，那你就该考虑利益相关者的需求。如果你不去取悦客户、员工、社区等——而且你也不去努力这样做——那么久而久之你就会破坏价值。基本上，如果你把时间框架进行适当的调整，那么股东的价值就是利益相关者的价值。

收益还是现金流

衡量公司绩效有很多方法，我们却只痴迷于净收入或者收益，这是因为收入可能是最简单的数字。许多公司——尤其是通用电气——会使用一些（合法）手段来"平稳"收益：仔细调整费用重组和销账的时间、规划产品发布的合适时间以及对现金储备水平的调整。

说得好听点，用于商业的会计方法是荒谬的。华尔街喜欢稳定，在一个动荡的世界中这是完全不切实际的。更重要的是，收益可能并不是公司真正价值的最好展现。股价应该体现公司在一段时间内能够产生的真正价值的预期，也就是现金流贴现。现实与理论常常产生分歧，但是股价应该回归以真实为基础的价格，否则它就是非理性的。

巨大干扰

第100页

传奇投资人约翰·博格尔多次表示："看起来也许有悖常理，股市是对投资业务的一种巨大干扰。"[9] 他的观点是，各项活动——因为市场的全天候报道使得这种作用更甚——与积累资产和寻求良好回报无关。他说，重要的是经济，而不是期望或者情绪。

如果股市让投资者分心，那么想一想股市是如何让运营企业的管理者们分心的。短期投资者会妨碍作出艰难决定的领导者。几年前，《财富》杂志报道了在废物托运这样一个古老行业中蔓延开来的变化，废物管理公司的首席执行官戴维·斯坦尼尔（Dave Steiner）试图从根本上改变公司，以应对深刻的市场变化。随着企业客户对"零垃圾填埋"目标的设定和实现，垃圾托运的核心业务就处于危险之中了。因此，斯坦尼尔决定，逐渐转移废物管理公司的重心，从回收、"废转能"以及其他帮助客户减少浪费的服务中获利。

这个计划是创新的、明智的、有前瞻性的，它降低了业务风险。但分析人士并不太开心。一则评论认为废物管理公司不再是垃圾处理公司了，而是"环保服务店……我们担心他们会精力分散，斯坦尼尔要承担的责任太多了"。[10]

这有点讽刺。博格尔说，股市是一种干扰，但是这个分析师基本上是要表达，对业务的威胁进行管理才是分心的事。他完全漏掉了一个事实，那就是，遍布商界的零废物目标对废物管理公司而言并非一个轻微的障碍，它给公司带来生存层面的威胁，纯粹的废物搬运工的收入将降为零，所以废物管理公司不得不改变，与分析师喜欢与否并不相关。

第101页

当我问一位《财富》500强企业的首席执行官（本人要求匿名）华尔街的压力时，他坦言："我认识的首席执行官里，没有一个想按分析师希望的方式运营自己的公司。"

这不仅仅是个策略的问题——分析师经常对任意定下的增长率目标无法得到实现感到不满。几年前，埃克森美孚在一个季度内实现净收益103亿美元。但正如《纽约时报》所报道的那样："分析师对此并不以为然。"苹果在经历了史上盈利最多的一个季度之后股价暴跌，主要是因为其表现没有获得华尔街的肯定。[11] 这种错乱，在我们短期的、以分析师为中心的世界里，正在让公司脱离正轨，包括为这些公司做真正具有创新性的事。

投资和创新的拖累

如果股市是个干扰，那么是什么分散了我们的注意力呢？华尔街的短期压力正伤害到创新方面的投资，这样的事实越来越多。2013年，《金融经济学期刊》（Journal of Financial Economics）的一篇文章显示："有着大量分析师的公司产生的专利更少，专利的影响力也更小。"因此以这个重要的创新衡量方式来看，越多的分析师关注一个公司，这个公司的表现就越差。这篇文章还得出一个结论，满足短期目标的压力正在"阻碍企业投资具有长期创新价值的项目"。[12]

当你执着于眼前的数字，就不会去投资和发展长期的能力优势。在商业中，短期主义通常意味着安全第一。几乎所有与我合作的公司都说自己是一个"快速的追随者"，永远等待，永不领先，是表现平平的秘诀。抢占先机是不确定的事，但在哲学层面，如果你不带领大家，又如何成为一个真正的领导者？

分析师对创新者造成的压力很大。想一想谷歌这个搜索巨头的半秘密实验室，作为为数不多的由公司运营的纯研究中心之一，这个实验室主要把经费花在了异端想法和梦想上。当被问及研发方面的投入时，一位股票分析师告诉记者，投资者们"并不喜欢（研发投入），但也得忍着，因为谷歌的核心搜索业务正在迅猛发展"。所以在分析师对你的投资新想法表示首肯之前，你必须有高度的现金流自由。在同一篇文章中，这样一个事实让分析师感到一丝安慰："谷歌的首席执行官佩奇安抚分析师说，'疯狂'的项目只是谷歌业务的一小部分。"[13] 想想这是多么的离谱——正是因为有了这些'疯狂'的项目，谷歌才得以诞生、得以成功。

《财富》杂志中关于21世纪最伟大的创新企业苹果的介绍里描述了该公司为避免过于关注传统的财务措施都采取了哪些举动："这是苹果与众不同的一个案例：大多数公司将损益作为一个经理

人可靠性的终极评判；苹果的标新立异在于把损益列为只有财务官才需要考虑的一个指标。"[14]

为了实现"大转变"，我们希望能够解放经理人，让他们有不同的想法，就像苹果和谷歌所做的那样。应对巨大挑战可以在短期内创造价值，但我们也想为未来投注。将产品转变为服务或者大大减少材料和能源使用的异端创新，需要活跃的思想和资金的支持。

改变商业模式，或发现新的可用商业模式，通常意味着短期的金融风暴——但这只叫做投资。相比坐等自己的业务被削弱，启动变革并从中获利要好得多。

如何执行：三条路径

延长时间跨度最好的方法是改变激励机制，尤其是顶端的激励机制。在第十章中我们会进一步探讨这个话题。这里我们将重点关注将业务与华尔街脱节或者改变对话的三个方法。

我再次将"华尔街"作为痴迷短期收益思维的代名词。即便是私人公司也受到许多相同的错误观念和需求的控制——许多公司梦想有一天能够上市。简而言之，你可以离开华尔街，与投资者用不同的方式交流，或者改变公司的法律结构，允许所有利益相关者的价值最大化，而不仅仅是股东价值的最大化。

路径1 走开：让1000个鲍尔曼绽放

2009年，在保罗·鲍尔曼被任命为联合利华的首席执行官之后，他告诉华尔街，他将不会和分析师们频繁地对话。季度指南将中断。我听过鲍尔曼半开玩笑地说，他之所以在上任的几周内就采取此举，是因为他认为董事会不会那么快就炒他的鱿鱼。此后，鲍尔曼一直致力于倡导从长远角度思考问题，他把这种观念说给媒体、世界经济论坛（World Economic Forum, WEF）的首席执行官同仁们，以及其他所有会听他解释为什么选择这条道路的人。

第104页

　　"联合利华已经有一百多年的历史了，"鲍尔曼说，"我们想要再存在几百年……如果你相信这个公平、共享、可持续的长期价值创造模式，那么就来和我们一起投资吧……如果你不相信，我也尊重你的判断，但请不要把钱投给我们公司。"[15]

　　鲍尔曼显然对于被他称作"三个月的老鼠赛"（译者注：比喻疯狂竞争）的东西和部分投资者感到厌恶。他在瑞士达沃斯世界经济论坛会议中谈到了对冲基金："如果能赚钱，他们连奶奶都能卖。他们没有考虑公司的长远利益……对冲基金无疑可以发挥作用……但它在我们这样的公司中没有任何作用。"[16]

　　鲍尔曼可能已经为自己和公司腾出了一段时间。我知道的一位首席执行官与投资界一年有200次会议。这就是30天的努力——是用来卖股票，而不是卖产品的。时间并没有被用在储备领导人才、研究突破性策略或者讨好客户上。鲍尔曼说，真正为公司做实事，专注于消费者和解决实际问题，最终会让股东们受益。

　　当鲍尔曼谈论这一切在公司内部运营层的意义时，价值投资者应该觉得如沐春风。"我希望人们专注于现金流，"他说，"相比于没有把资本成本或资本投资考虑在内的短期利益来说，现金流是个更长期的衡量方式。"每天的选择都不一样，鲍尔曼说："这让我们的人可以做正确的事。我们不会操纵季度性广告或者其他事情。"[17]

　　到目前为止，结果一直很好。在撰写本书时，联合利华的股票

第105页

表现已经可以持平或者跑赢富时100指数（FTSE 100 Index）以及从2009年中期以来的关键竞争对手了。截至2012财年，收入、利润、经营现金分别上涨29%、32%和18%。该公司每年正在产生额外的10亿欧元现金，营业额首次超过500亿欧元。

鲍尔曼的方法引出了一个意想不到的问题：如果我们真的想要激进，公司应该退市吗？想象一下不必再跟分析师论长短的自由。也许造物弄人，有着利润最大化声誉的私人股权公司反而具有更高的自由度。在某些时候，最大的公司不能实现稳定增长目标来取悦公众投资者，或许这些公司就应该完全退市。

路径2　与华尔街对话：告诉投资者为什么这很重要

不幸的是，几乎没有公司跟随鲍尔曼的勇敢带领，不过原因很难说，也许是惰性、恐惧以及其他合理考虑的综合作用。

我听说一家大公司的董事长抱怨首席执行官过于关注短期成本的削减，认为他更应该集中精力去创新。但很快他就又说，首席执行官"需要达到华尔街设下的预期业绩"。当我问他，那公司是否应该停止季度指导来避免这种压力呢，他用奇怪的眼光看着我，并表示，不管怎么样分析师也会建立盈利模型。而我的意思是，也许我们不应该在乎分析师的短期模型，而应该专注于价值创造。

但华尔街有其自身的巨大推力，因此大多数公司都会继续参与进去，也许我们也应该参与其中。强生公司的执行总裁保雷特·弗兰克（Paulette Frank）对我说："这就好比让供应商参与到可持续发展中来一样。如果你想看到变化，最好不要走开，而是要参与其中并努力帮助改善局面。"[18]

　　公司应该主动与分析师谈论"大转变"是如何创造价值的，并告诉他们为什么"大转变"很重要。现在有几个像瑞银集团（UBS）的可持续发展研究分析师伊娃·兹洛特尼卡（Eva Zlotnicka）这样的前沿分析师正在倾听我们的声音。她的工作是将环境、社会和治理（ESG）问题纳入瑞银集团的报告和分析思路中。

　　兹洛特尼卡的前任老板在顶层创建了不同的氛围，允许兹洛特尼卡成为与众不同的分析师。瑞银集团的前董事总经理兼全球行业研究部主管伊瑞卡·卡普（Erika Karp），最近从公司离职并开始创办自己的公司。卡普说，"长期的价值创造与企业的可持续发展之间并不存在分歧"，但也会存在"缺乏长期激励和长远思考"的情况。[19]

　　兹洛特尼卡告诉我，公司有很大的机会在这些问题上"打破恶性循环"的沉默，并把讨论纳入与投资者的主流对话中。虽然季度性的交流可能对于进行战略对话没有帮助，但其他的机会可以富有成效。"如果他们用报告或网上的一部分空间来谈论这些问题，会是很有意义的。"她说道。这是将环境、社会和治理的信息"整合，整合，再整合"到年度报告和所有沟通的对话里。[20]

　　几家公司已经在改变与华尔街的对话。美国铝业巨头美铝公司的执行官凯文·安东（Kevin Anton）说："我们在与股东和分析师的交流中已经融入了可持续发展，因为可持续发展已经嵌入了我们的核心业务战略。让我们的商业领袖讨论我们是如何通过提高飞机、汽车和建筑的能源效率来为客户创造价值的，是一件很有影响力的事。"[21]

第107页

荷兰的保健照明公司飞利浦与分析人士阐述了自己在生产低毒和高效产品方面所做的努力，即便这些举措有时候会让成本上升。公司从传统的业务和具体的情境入手。其北美分部主席格雷格·萨巴斯基（Greg Sebasky）对我说，飞利浦的高管们首先讨论了公司为降低运营成本所做的一切努力——从降低供应链投入到更有效地运营工厂——这样投资者们知道公司仍然专注于价值的最大化，从而不至于产生反感。他说，通过这样的工作，"分析师们对于我们花费更多的资金去创造可持续性产品这一点才不至于多虑"。[22]

软件巨头思爱普（SAP）的可持续发展首席执行官彼得·格拉夫（Peter Graf）与他的投资者团队合作，共同开发"投资者推广项目"。此举的目的是为了向投资者解释被格拉夫称为"非财务业绩"的东西与传统财务指标之间的关系。举例来说，对人才就是一切的软件公司而言，减少碳排放、改善雇员身体状况，或者提高员工的参与度、吸引力和留滞率的内部倡议所创造的价值是切切实实的，即便这样的价值很难衡量。因此，思爱普现在正在向分析师证明格拉夫所说的："投资者十分感兴趣的两个话题是可持续发展如何推动我们的创新能力以及如何增加利润。"[23]

许多其他公司用华尔街能够理解的方式来解释与巨大挑战相关的价值创造。公司可以向诸如制药业这样的行业学习，找到一个方式来谈论长期的研发投资，将其分解成投资者所喜欢的短期成就。一些公司，特别是仲量联行（Jones Lang LaSalle）和迪士尼公司，

第108页

已经通过组织结构的构建来确保其财务官员可以用环境、社会和治理的语言和方式与投资者进行对话，这样一来，首席财务官就成了首席可持续发展官，这是一种不同寻常且具有前瞻性的做法。

让公司与华尔街谈论长期目标并不总是激进的。亚马逊已经让投资者为了稳定收益等待了15年——他们说服投资者的逻辑是长期投资、品牌建设和取悦消费者。更多的公司可以向他们学习。

此时，绝大多数的分析师并不会问高管任何关于公司如何应对大挑战的问题。但是，环境责任经济联盟——一个为了将环境和社会问题纳入资本市场的非营利组织，其主管明迪·卢波（Mindy Lubber）坚信："只需两年，分析师就会追问这些问题……因为风险正变得越来越大，让人们根本无法忽视。" [24]

那为什么不在他们提出这些疑问之前就开始回答呢？现在就走到大转变的前面吧。

路径3 重新定义公司：成为共益企业

转变的过程中令人欣喜的一步是创造一种新型企业，能让管理者满足多重目标，而不仅仅是将股东的价值最大化。这大部分要归功于共益企业（B Corp）认证背后的非营利组织B Lab，认证内容主要是衡量公司的社会和环境责任履行，要求改变公司章程以反映更加宏伟的公司使命，是一个严苛过程。

让我快速地解释一下整个链条和三个关键术语——按顺序分别是B Corp，福利公司（benefit corporation），灵活目标公司（flexible purpose corporation）。B Corp是一种认证，而非一种法定结构。之所以叫B Corp是为了和C Corp区分开来。C Corp是在美国占主导地位的公司形式，将股东财富最大化放在公司的首要位置。29个国家的850个认证注册的B Corp团体已经成功使得美国的20个州通过了福利公司的立法。福利公司要求企业专注于为多个利益相关者创造价值，而不是仅仅只为了股东。灵活目标公司则是另一种法律形式，仅在加利福尼亚州适用，它要求公司在利益最大化之外还要设定一个更大的目标。

B Lab的创始人之一杰伊·科恩·吉尔伯特（Jay Coen Gilbert）精炼地总结了大致的概念："如果我们要建立一个更包容更持久的新经济，我们需要一个新的基础，一个新的公司结构……而扩大信托责任的唯一选择就是B Corp。你承诺更高的目标就得负责任，向世界展现更多的透明化业绩，这样人们就可以用脚和美元投票（译者注：即买卖该公司的股票）。"[25]

实际上，作出B Corp承诺的公司正在进行着大转变。由使命驱动着的著名公司有本杰瑞（Ben & Jerry's）、Sungevity（译者注：美国一家太阳能电力公司）、Etsy（译者注：手工艺品电商平台）、Revolution Foods（译者注：美国一家以健康食物为宗旨的超市）、第七世代以及巴塔哥尼亚（这些公司不仅有B Corp认证，而且也是最大的选择法定福利公司地位的公司）。

但核心的问题是，我们是否需要另一种独立的公司形式，来使公司将应对大挑战作为常规营利性经营的一部分。这个问题的答案可以写本书，我不准备在此详细回答，我只说答案既是肯定的也是否定的。

苏兹·麦克·科尔麦克（Suz Mac Cormac），帮助起草创建灵活目的公司的加利福尼亚州立法律师之一，表示新形式也许并不必要。她说，"商业判断规则"的成熟法律概念已经给了高管很大的回旋余地，使他们在作出战略性决策时不会因为放弃财务责任而遭到指责。[26] 我意识到这就解释了为什么没有首席执行官因为糟糕的超级碗广告或投资一个没有任何进展的研发而被起诉。

但在特拉华州，有最强大的律师和法官影响着公司法的运作，州律师协会认为新的公司形式是必要的。但为什么必要？具体来说，根据多年的法律先例，一家特拉华州的公司——包括一半的上市公司和《财富》500强企业中的2/3——必须优先考虑股东利益。因此，如果一个实体想要考虑股东价值最大化以外的任何东西，它必须要借助福利公司这种形式，或者说需要在特拉华州获得法定权力。

第110页

毫无疑问，这有点混乱。理论上说，只要我们正确地定义价值，解决由大挑战所引起的问题就可以创造股东价值，因此应该不会有法律变更的冲突出现。

不过，福利公司的指定名称和B Corp认证都有一些巨大的优势。它们触发了一些更广泛、更长远的思考——就如吉尔伯特所说的，"这是防治短期主义病毒的预防针"。若公开声明要加入以上任一种公司模式，则有助于吸引并留住人才。所有当前和潜在的员工都知道，他们与这些公司一起奋斗可以展现更多自我价值。

这些组织也可以通过指定或者认证来推动供应链改变，并可以奖励和鼓励更好的商业实践。比如，旧金山市在选购方面帮助福利公司，而费城则向B Corp提供税收抵免。最后，通过B Corp认证的过程能够帮助企业提高意识，促进环境和社会问题的实质性改善。这是改变结果的一种手段，也是最终的目的所在。

面对世界上的巨大挑战，每个公司都应该有所转变，成为

B Corp。如果不能在名义上改为B Corp，那么在精神上、思想上和行动上也应该变为B Corp，这是起码的底线。

第111页

家族企业和私人企业

B Corp和家族企业有很多相似之处。比如，克拉克集团（The Clarke Group）的首席执行官莱尔·克拉克（Lyell Clarke）回忆了其与另一家族企业首席执行官的一次关于可再生能源的对话。当莱尔指出，可再生能源有时候需要好几年才能有所回报时，那位首席执行官说："是的，但是在六到七年后就能看到成效，而且今后都将不再有能源花销了。七年之后我还是会在这个位子上，这是我的企业，我别无他法。"[27]这是一个很好的论点，但为什么这种更为长远的想法只能适用于家族企业呢？难道大型上市公司的高管们在管理公司的时候不应该有这样长远的目光，为公司七年之后做打算吗？

公司的目的

金佰利的首席执行官托马斯·福克告诉我，在与投资者会谈的过程中，当谈论到诸如竹子这样的纤维替代产品投资的长期计划时（这是公司对纸浆价格快速上涨的策略反应），他们"目光呆滞"。但他说，"他们只是众多利益相关者中的一个"。福克关注两类人，"一类是那些投了400亿美元、今天就想看到回报的投资者，另一类是5.8万名指望着我作出正确的决策，这样他们才能养活自己的家庭、实现自我人生目标的员工。通常这两类人的需求是一致的，但是有的时候我需要在两者之间权衡利弊"。[28]

这就是首席执行官们赚大钱的原因。

但是其中一个利益攸关方所得到的重视会更多。利弊的权衡往往不在利益相关者之间，而在我们共同的长期和短期利益之间。

谁说利益增长才是公司的核心追求，应该凌驾于所有其他的公司目标之上？如果你相信过去25年的商业畅销书籍的话，公司正在"追寻卓越"或者正在试着"从优秀走向卓越"。没有人写东西去歌颂谋求每股增长9%的收益。

第112页

想象一下，某个时刻，寓言中的外星人着陆地球，当看到公司的财务报表，看到充足的现金流和漂亮的资产负债表时，不管这些公司最近是否达到收益增长的目标，外星人都会认为这些公司非常成功。大型的盈利性公司有资源做一切高管可能认为是站在长远角度考虑的重要的事——投资研发、建立新的公司业务、给股东丰厚的分红、招聘员工，或者创造一个更具有可持续性的企业。

这里有一个问题：公司的真正目的是什么，是将短期收益最大化还是其他？A.G.拉夫里，宝洁的首席执行官，最近将他对公司使命的看法做了阐述："我深深相信，任何商业的目的都是要发展客户，然后让客户觉得，相比于其他公司，本公司的服务是最好的。"[29] 这种着重于为客户解决问题，或者说超越获取利润的想法并不激进，甚至一点也不新鲜。反而很老套。

1943年，在强生公司上市之前，罗伯特·伍德·约翰逊（Robert Wood Johnson）写下了著名的强生准则，旨在指导公司运营价值。开头是，"我们相信我们首要的责任是对医生、护士、患者、父母以及其他所有使用我们产品和服务的人负责"。在医护人员和家长之后，他列出了客户，然后是员工，再然后是社区。最后一部分写道，"我们最终的责任对象是股东"。当公司按照这个原则经营时，他们"应该会获得公平合理的回报"。[30]

近年来，强生公司——可以说是第一家具有 B Corp 精神的公司——已经获得了近100亿美元的年净收入，以及150亿美元的年度经营现金流。在公司上市的70年里，强生已经成为有史以来最赚钱的企业之一。

不再仅仅聚焦于短期利润或股东，算不上是激进的事——对这些方面的痴迷从最开始就没有意义。2009年，最脚踏实地的首席执行官杰克·韦尔奇（Jack Welch）在《金融时报》中表述自己对股东价值的看法时说，股东价值是"世界上最愚蠢的想法"，把追求股东价值作为策略是"疯狂"的。他还说："股东价值是一个结果，而不是一种策略……你的主要'选民'（译者注：即需要关照的人）是员工、客户和你的产品。"[31]

今后最好、最长久的公司会认识到，股东只是需要去取悦的一部分。进行大转变的公司会发现自己所关注的问题在变大，利益相关的群体也在变大。而且正因为如此，它们也会获得更多利润。

第六章 设定科学目标

让我们回到那艘满是积水的船上。时间不多了，每个人都要帮

忙从船中舀水。但我们的动作应该有多快呢？我们可以问问船上的人，问他们一个小时可以舀出多少水，然后建议他们再加把劲儿。难道我们不应该先计算一下，为了保持船体的漂浮需要舀出多少水，然后再分配任务吗？这是唯一的实践路径，不是吗？缺少以上任何一点，都形同自杀。

只有在目标不会引发更大的后果或者与现实世界没有任何联系的时候，设定自下而上的目标才会有那么一点意义。试想，当一家公司实现一定的目标以后，如果只能勉强生存下去，会发生什么？想想芯片制造商英特尔和超微半导体（AMD），几十年来他们试图实现由摩尔定律驱动的创新目标（每两年芯片上的晶体管数量要翻一番），以保持他们的产品在市场上的竞争力。显然，这两个竞争对手不能使用自下而上的方法。

当说到地球的承受能力，特别是我们必须实现碳减排时，几乎没有团体——公司也好国家也罢——会从我们所必须做的事中退缩。相反，大多数组织认为可以开始计划未来。那么"舀水"的速度得多快呢？

让我们回想一下简单而严谨的数学问题，要使地球变暖幅度稳定在2℃（3.6℉），那么我们要保证全球二氧化碳的排放量不能超过5650亿吨（最近的情况显示可能比这还要少）。根据普华永道的计算，我们必须在2100年前将全球经济的碳使用强度（单位美元GDP的碳排放量）以每年6%的速度降低。而且因为气候变化是累积性的，所以越早行动越好。

公司的领导者

越来越多的大公司已经确定了科学的目标。让我们来看看这些大公司是如何应对挑战的。

福特公司的科学目标

20世纪60年代以来，福特就已经有一批高水平的科研人员对大气科学进行研究。福特一直以来都明白燃料对环境所造成的影响，不断请工程师对发动机进行改良设计以减少排放。曾经的焦点是老生常谈的空气污染调控，主要有硫氧化物、氮氧化物、臭氧和颗粒物。但是，专注于二氧化碳并不是一个大的飞跃。如同福特的大气科学家蒂姆·沃林顿（Tim Wallington）所说："在让人们深入了解气候变化和空气污染上，它做得很好。"[1]

但真正让福特汽车与众不同的是，他们真的认真听取了这些人的意见。董事长比尔·福特（Bill Ford）长期以来一直对环境问题十分感兴趣。早在2001年，他就做了支持碳排放交易的官方声明。到了2005年，沃林顿和其他福特科学家开始研究气候变化对汽车制造商的意义。凭借高级管理层的支持和科学上的支持，福特已做好开始大转变的准备。

当时，科学界的最佳估计是大气中最高容纳二氧化碳的浓度为450ppm[①]。像吉姆·汉森（Jim Hansen）这样的科学家已经将"安全"水平降低到350ppm，远低于我们已经达到的400ppm。但是从450ppm的目标来看，福特的科学家们关心的是公司如何能够帮助世界达到目标。由于福特汽车的排放量占到全球的2%，因此这些问题并不是闲谈。

科学家们为世界的气候稳定制定了"滑翔之路"，此路有两条平行的轨道，一条是汽车行业计划，另一条针对的是能源产业。原因很简单，因为如果福特生产更多的电动汽车，那么它需要一个更清洁、低碳的电网来与汽车匹配。

福特还制订了"技术移民计划"来引导产品开发，让公司保持气候稳定路线（译者注：即保持碳排放稳定的路线）。在这个计划下，到2025年，福特将把燃油效率翻番。这听起来很难，但沃林顿是这样看待挑战的："如果我们倒回三四十年，问怎么样才能将汽车空气污染物排放量降低99%以上，我们也许会说这是不可能的，但是我们已经做到了。"[2]

为了实现目标，福特正在追求三项核心战略：通过制造更好的内燃机、减重以及改善空气动力性能来提高燃油效率；与伙伴石油公司共同探索低碳的替代燃料；开发混合动力汽车和电动汽车。气候变化的数学难题迫使福特研究以上三种解决方案中哪种组合将有

第118页

[①] ppm，百万分比浓度，溶质质量占全部溶液质量的百万分比，1ppm = 0.0001%。

助于公司实现其目标，以及何时实现。

如果没有科学的目标，没有定期的产品组合评估来跟进进度，高管们如何能知道在2020年或2040年之前多少比例的福特产品需要变成电气化呢？他们根本不会知道。

福特的商业逻辑简直无懈可击。福特的高管们相信，所有的汽车买家现在都想要四个关键的产品属性：质量、燃油效率（以及较低的二氧化碳排放量）、价值以及智能设计（这是安全的基础）。福特的首席执行官艾伦·穆拉里（Alan Mulally）说，不同地区的客户曾经想要的东西非常不同，但现在，"所有这四项要求在全世界范围内都趋同了"。[3] 燃油效率只是客户的四项需求之一，引领这一领域的创新将会带动销售，并保持福特的现实相关性。

大转变的标志：福特

想想福特2009—2010年的可持续性报告中的表述："到2050年，地球上将有90亿人，其中75%的人将生活在城镇。要把90亿人装进私人汽车既不实际也不是我们想要的。"[4] 试想，一家汽车公司说自己不想让世界上每个人都有车意味着什么。

目标有助于为公司创造更多的确定性。福特执行官约翰·维埃拉（John Viera）说，由于福特走在市场需求和政府标准的前面，"我们可以避免让人头疼的担忧，不再担心有什么样的规定，以及这些规定会对我们的产品计划产生什么影响"。[5] 实际上，福特基于科学的计划很大程度上影响了2012年美国的行业燃油效率规定，该规定要求全行业在2025年之前要把燃油效率提高一倍。如果有一家公司7年之前就已有了这一规定，那么哪家公司能领先于其他竞争对手也就不言自明了。

英国电信的"净优"：价值链的思考

2007年，英国电信（British Telcom）承诺（以1997年水平为基数）到2016年，削减80%的碳排放量。该公司的进展可观，每年都有削减。在网络用户持续大幅增长的背景下，这是个艰难的壮举。这一努力仅仅在2012年就为公司节省了2200万英镑（即3300万美元）。[6]

对于英国电信来说，这是一项主要任务。公司成为"负责任，可持续发展的商业领袖"的目标是其六个公开战略要点之一。为了实现这个目标，英国电信开发了一个名为净优（Net Good）的新项目，目的是帮助客户将他们的碳足迹减少量提升到三倍于英国电信自己"终端到终端"影响（从供应商到客户使用的终端）的水平。这3∶1的比例不仅仅是追求更高的效率以达到更具修复性的模式，而是要让英国电信的产品为全世界减少碳排放量。

这是怎么做到的呢？你可以考虑一下整个价值链。电话会议就是一个典型的例子，帮助客户避免商务旅行，理论上，电话会议能够节省的能源远远低于设备的能耗。这个"理论上"是一个很关键的问题。要衡量一个并未发生的削减量很难。但是对于这样的目标，确切的数字可能远没有这个大胆的目标来得重要。

听听英国电信的负责人凯文·莫斯（Kevin Moss）是怎么说的："这是我们达到'三倍'目标的方式……首先要改善比例中

第120页

'1'的部分，更好地衡量我们全部的碳足迹，包括我们的产品，然后提升比例中'3'的部分，通过销售更多的减排产品，并更多地开发能够改变我们产品组合的新型减碳产品。"[7]

因为其不同寻常的目标，"净优"倡议与其说是一个战术方案，不如说是一个创新策略：要实现3∶1的目标，公司需要创造更多能够帮助客户减少影响的解决方案。这和福特的"滑翔之路"很像，可谓是另一个实施大转变的公司实例。

当然，让客户碳足迹减少量更甚于自己的策略并不是每个行业都行得通。这种策略对于信息科技公司特别适用（这个观点也是IBM"智慧星球"项目的核心）。但它也适用于任何使用能源，或帮助客户减少碳排放的产品，比如先进的建筑材料、新的照明系统以及节水技术等。

对于英国电信公司来说，这是一个双赢的计划：通过削减自己的能源使用，节省了资金，并且建立更灵活、更有弹性的企业；通过为自己和客户设立远大的目标，英国电信正在为创新、成长、获得竞争优势而努力。

其他的企业领袖

福特和英国电信并不是这项意义深远、科学的全新效能游戏里的唯一玩家。在设立无碳甚至可修复的积极目标上，英特飞模块地毯也许称得上第一，因为这对于一个用石油化工原料生产地毯的制造业公司而言是一个巨大的挑战。越来越多的企业巨头们正在效仿英特飞，并且谈到了类似的发展目标：[8]

• 惠普有一个类似于英国电信的项目，叫"净增值"（Net Positive）。2013年年底，戴尔公司公布了自己的价值链目标，比 第121页 英国电信的目标更进一步。戴尔说："到2020年，我们的技术带来的效益将是创造和利用这种技术所付出的10倍。"

• 迪士尼公司和力拓集团（Rio Tinto）已经制定了目标，力求对生物多样性和生态系统产生积极的影响。

• 韩国LG电子的目标是削减50%的温室气体。

• 私人糖果巨头玛氏集团（Mars）已经承诺，到2040年内将不再使用化石燃料，不排放温室气体，他们表示，这个决定是基于气候变化科学的。

• 苹果、宝马、宜家、乐高、雀巢、宝洁和沃尔玛等都设定了"100%可再生能源"的目标（大部分还没有设定具体的执行日期，但宜家已经把目标日期设定在2020年）。

• 联合利华的"可持续生活"计划包含了很多雄心勃勃的目标，它的首席执行官保罗·鲍尔曼在致辞中提到："到2050年，我们将达到联合国提出的将温室气体削减50%到85%的要求，将全球气温上升的范围控制在2℃以内。"这样的表述真是再清楚不过了。

• 与福特的做法类似，东芝的策略是在一个关键假设的基础上设定详细的产品目标，即：只有我们在2000－2050年之间将能源效率提高10倍（东芝称之为"减缓气候变化、有效利用资源、管理化学物质"）的情况下，这个世界才能支持数十亿人过上富裕的生活。东芝已经设定了目标和指标来跟踪它在

"十因素"的道路上取得的进展。

第122页

· 科技巨头易安信（EMC）的碳排放目标是在2050年之前将碳排放的绝对量从2005年的水平减少80%，这个目标的设定依据是"政府间气候变化专门委员会第四次评估报告"。但正如易安信的执行官凯瑟琳·温克勒（Kathrin Winkler）认识到的那样，2050年的目标为推迟行动保留了很大的空间。所以易安信设定了积极的短期目标，使得公司不仅有足够的时间适应业务的变化，还能够在2015年之前达到绝对排放的高峰值（这是另一个科学的目标）。[9]

所有那些设定零排废目标的公司——现在这样的公司数量多得惊人——正在听从科学或者只是听从现实。要供养90亿人过上高质量的生活，我们需要一个闭环的社会。在这样的社会里，我们几乎会将所有可重新利用的材料投入新产品生产。从逻辑上说，我们需要追求零影响。索尼"通向零"（Road To Zero）计划体现了这一目标。这是可以让公司迈向大转变的目标。

如何执行

在深入研究科学的目标之前，有必要探讨一个更详细的案例，揭示一些有用的方法。

帝亚吉欧的例子

在2012年年底，我和酒精饮料业巨头帝亚吉欧公司环境可持续发展部的全球项目经理罗伯塔·巴比尔瑞（Roberta Barbieri）进行了交谈。在我们讨论如何设定大幅削减碳排放的目标时，她偶然提到了帝亚吉欧的北美分部——一个拥有56亿美元销售额和14个生产制造点的集团——已经将碳排放减少了80%。

第123页

　　我的第一反应是，"什么？！"然后立马问，"我什么时候能和你详细了解下呢？"

　　事情发生在2008年，那时候帝亚吉欧管理层决定要设立一些大目标。在付诸行动之前，他们计算了完全实现零碳目标可能的花费。而大致的计算结果令人望而生畏——数百万美元，这数百万也包括为最大的酿酒厂供电建立生物能源厂的花费。最终，高管依然定下了一个宏伟目标——减碳50%，并将之公布于众，表现得信心满满。

根据情况设定的度量

　　科学的目标可以归类于一个更大的类别，一些人管这个类别叫做基于情境的度量目标。比如，将碳排放削减80%的科学目标给了我们一个能源使用方面的决策情境。可持续发展组织中心（Center for Sustainable Organizations）的马克·麦克埃尔罗伊（Mark McElroy）认为，所有的可持续发展报告目前不能实现的原因是"他们没有将绩效与可以实现可持续性目标的基准进行对比"。[10]

　　比尔·包（Bill Baue），另一个根据情境制定度量方法的倡导者，在文字中频繁提到设定这些目标的公司。糖果巨头玛

> 氏集团的执行官凯文·拉宾诺维奇（Kevin Rabinovitch）告诉
> 比尔·包说，"基于气候科学已经找到了问题所在的事实，设定
> 一个无法反映这一科学的温室气体排放目标"是没有意义的。
> [11]
>
> 　　无论你称它为科学、情境还是现实，结果都是一样的。如
> 果你要朝着悬崖走，而且正在计算需要减速多少时，那么知道
> 悬崖边缘离你有多远会对你有所帮助。

第124页　　环境执行官理查德·邓恩（Richard Dunne）负责达成北美地区的目标。他觉得建造昂贵的生物能源厂不是唯一的途径。他的团队通过一套严格的程序收集了关于实现碳减排的意见并进行了成本估算。然后他们根据环境改善的净收益和财务投资，将这些想法进行排序，分为三类：低成本或无成本，"不费脑子"；运营费用增加；重大资本支出（如生物能源厂）。[12]

　　帝亚吉欧的领导者们最初认为，只有主要的资本项目可以显著减少排放。但邓恩的处理结果显示出"不费脑子"方案的惊人效果。最终结果是，帝亚吉欧北美分部采取了低成本倡议小组的想法，在2012年实现碳减排50%。该项目既包括一些比较容易的事项——比如照明改造、锅炉升级和安装变速器机械驱动，还包含稍难一些但依然是节省成本的改造项目——比如从石油到改用天然气，把小酒厂的两个锅炉减少为一个。

　　下一个——将碳减排目标从50%提升到80%——缔造另一个"大转变"的故事，我们会在第九章讲到。帝亚吉欧的例子和其他

的领导力故事一起，为我们实现大目标提供了一些指导。

实现科学的大目标

第125页

设定和实现激进的效率目标也许要比听起来的更容易些。毕竟，帝亚吉欧很快就实现了目标。但是它需要关注和信任现有可资利用的科学，以下是几个准则：

目标清晰的时候，理解科学和全球目标

政府间气候变化专门委员会继续推出碳减排的目标，而像吉姆·汉森和迈克尔·曼（Michael Mann）这样的科学家帮助向公众传达这些目标。撰写这本书的时候，最新的目标底限是，到2050年（从1990年的排放量算起）碳排放减少80%。[13] 在生物物理问题方面，斯德哥尔摩复原力中心（Stockholm Resilience Center）正在对全球系统界定展开卓有成效的研究。在社会问题层面，联合国千年发展目标建立在真正的社会和生态极限之上，是科学和道德使命的一种结合。

假定科学建议变得不再灵活

气候变化的影响步伐正在加快，不比预期的慢，所以80%的目标可能很快就会被认为是不足的。一年之内，普华永道低碳经济报告推荐的年度碳强度从5%提高到6%，与当前世界只有0.7%的碳强度减少速率相比，二者差异显著。在其他问题上，干旱地区的水变得越来越不可获取。上一次我们看到所关注的化学物质获得科学家们"安全无虞"的评价是什么时候？没有，更可能的是因扩大了的不安而导致的越来越严格的监管。

第126页

在科学不十分清晰（但具有指示性）时与其他人合作

例如，对于有争议的出现在塑料和电子产品中的化学品塑化剂邻苯二甲酸酯，易安信公司基于环境保护署（EPA）联盟（塑化剂替代品合作联盟）的建议制订了行动计划。[14]

了解情境中重要的地方

我们在谈论水吗？如果是这样，那么为全球设定一个目标也许没有什么用。水对于干旱地区很重要，但对其他地区却不尽然。重要的不仅仅是你的公司，而是一个区域内的每一个人在如何用水。因此，指标和目标需覆盖整个水域。碳呢？在这种情况下，全球科学是指导方针。根据情境的指标的主要倡议者，在改变衡量环境和社会绩效方式的时候，也应当留意他们所关注的目标影响者——包括全球报告倡议，全球可持续性评级倡议，以及其他的标准设置机构。随着时间的推移，他们都已经或将加入更多基于情境的思考。

顶层设置目标

这可能是最困难的部分——甚至比削减更难。但没有什么比这个更复杂：帝亚吉欧的高管设定了50%的全球减排目标，因为他们"想要做大事"。

访问PivotGoals.com，密切留意竞争

如果你的同行没有设定大的、科学的目标，这是一个机会；如果他们设定了，那么最好将其付诸实施。PivotGoals.com网页中提供的可搜索的数据库，可以帮助你（见专栏"PivotGoals.com"了解更多信息）。

产生更多的想法

第127页

使用测试员工参与度的工具去询问最接近运营人的想法，然后用开放式创新手段来询问客户、供应商、利益相关者、非政府组织以及其他人的好主意。

追求规模和快速回报

这似乎是显而易见的，但却是帝亚吉欧成功的秘诀。首先按照碳排放影响程度给所有想法排序，然后再按照投资回报率给所有想法排序，可以让两个目标得以实现。这是建立买入的重要一步，因为早期项目的快速回报将说服组织中的人继续投资下去。"碳披露项目"对260家大型碳排放主体的研究显示，碳减排工作的平均投资回报率为33%，不到三年就能获得回报。[15]

利用可用的工具创建目标

易安信使用的工具比帝亚吉欧更复杂一些，他们用了欧特克的实现气候稳定目标的公司财务方法（C-FACT）。C-FACT和本书第一章提到的麦肯锡和普华永道所做的类似，"计算了为实现绝对目标所需的年度碳强度削减率"。[16] 它有助于企业像福特汽车公司那样创造自己的滑翔之路。在附录B中，你可以看到更多制定公司目标的工具和思路。

坚信大量、巨幅的碳减排不仅可能，还有盈利空间

最后一点至关重要。机会是巨大的：国际能源署（International Energy Agency）说，"（在生态效益和碳能减排方面）建筑领域4/5的潜力以及工业领域1/2的潜力仍有待开发。"[17]

PivotGoals.com

为了更好地了解世界上最大的公司正在制定什么样的目标，我的公司创建了一个网站，PivotGoals.com，以捕捉这些目标，并可搜索。公司可以使用此工具寻找对比的标杆，看看哪家公司为碳、水、废物、生物多样性、社区参与、安全以及其他方面设置了标准（另一个类似的网站，cloudofcommitments.com，也涵盖了一些公司，但主要针对的是国家和地区的碳减排目标）。

在企业中设立科学的目标，我们做得怎么样呢？还不够好。当然，判断一个目标是否真的科学或是否真的是在我们所面临的限度之内并非一个确切的过程（请看附录B获取更多有关设定科学目标的信息），但是我们大致可以判断一家公司是否在一个可变通的范围内。

大多数公司甚至还没有入场。世界200家最大的公司，56家在他们的主业务，如制造、产品使用或供应链中，设置了清晰的碳减排目标，并且规定了减排速度（每年约6%的碳强度得到改善，或每年绝对减少3%的碳排放）。这个公司数量比我开始这项研究所预期的数量要多，但明显比我们所需要的要少。

最后说几个关键点。首先，如前所述，不要成为快速的盲从者。这个过程是要变得大胆的过程。在寓言故事中，我们必须将大量的水从船体中排出，我们不可以畏首畏尾。最好的是，远大目标驱动伟大业绩，对于大型排放主体的碳披露项目研究发现，"相比于那些没有目标的公司，设定绝对减排目标的公司，不但实现了两倍的减排率，全企业盈利还高出10%"。[18] 其次，我们不仅要为自己的业务设定目标，还要为整条价值链设定目标（如英国电信的方法）。第三，在我们是否真的在这个问题上作出了正确选择上，我们必须坦诚，尤其是当我们设置的是看起来很坚实，但实则最终无效的目标的时候。南非银行内德班集团（Nedbank Group）首席执行官麦克·布朗（Mike Brown）表示，如果你知道自己要往北走，"但是正在南行的你即使比其他一大群人向南走的速度更慢，你还是在向南。"我们的北极星在这里就是科学。布朗继续说道："地球边界施加的限制不仅定义了旅行的方向，也定义了前进所需的速度。"[19]

第129页

　　为了实现大转变，我们必须通过全新效能、降低风险、非传统创新以及实力更强的品牌来创造价值，这是我们该走的方向。但是只有通过科学我们才会知道自己能走多远。

第七章　追求标新立异的创新

正如我先前提到的，爱因斯坦曾经说过，我们不能用旧思维去解决各种新问题。据说，他也说过以下这番更具启发性的话："如果我有一个小时来解决一个问题，而且我的生命取决于这个问题的答案，那我会把前55分钟用来弄清楚所要问的问题。"[1]

为了解决像气候变化和资源稀缺这样宽泛的问题，我们首先要问出恰当的问题。我们需要追求更深层次的创新，而这种创新也许跟我们长久以来持有的事情运作的规律相违背。在我上一本书《绿色恢复》（Green Recovery）中，我介绍了异端创新的概念，用于传达这样一种观念：探索那些我们认为理所应当的事情。如果我们提出的问题不足以让我们自己坐立难安，或者不够奇怪（甚至不可能），那么这些问题都还不够深入，我们也不会实现这种大转变。

异端可大可小，从重新设计一个单一的过程或产品，到重新思考整个商业模式。不要认为小的异端不重要——公司里绝大多数人不会重新考虑战略问题，但任何人都可以提出能够深刻改变企业某一方面的问题。其对传统智慧的挑战之深远足以让它被称

为异端。

美国的联合包裹服务公司（United Parcel Service，UPS）的"不左转"是个简短而具有启发性的故事，是可持续发展界的一则经典故事，也是一个我反复提到的故事（包括在我之前的书里也曾提到过）。这条吸引人的标语是UPS的行动口号，在新的投递路线规划中避开了交叉口的等待。UPS节省了时间、金钱和能源——最近一次的数据是每年节省8500万英里的路程和800万加仑的燃油。[2] UPS不是个例——联邦快递、废物管理公司以及其他公司也有类似的措施——但是这一做法值得铭记，也很好地说明了什么是异端性想法。想象一下，有人在会议中建议"不能左转"，是不是觉得不舒服？是的。诡异？当然。有利可图吗？绝对有。

七种异端创新

我们可以用很多方式来提出异端性问题。这里有些可供参考的领域，以及一些公司已经询问过的例子。

驱动创新的限制

我的技术乐观主义将大挑战看做是对系统的限制。正如他们所言，需求是发明之母。联合利华战略科学小组高级副总裁吉米·克里利（Jim Crilly）描述了公司的策略，将真正促进新思维的大目标看做是"围绕挑战进行的创新"。类似的，印度的科技巨头印孚瑟斯（Infosys）的绿色创新主管罗翰·帕里克（Rohan Parikh）也认为"不合理的目标"刺激了新思维的出现。[3]

第133页 ## 过程或者运营：我们可以无水染衣吗？

生态效益颇受欢迎且盈利空间巨大，因此关于公司减少能源、水或材料使用的例子不胜枚举。但是异端创新绝不仅仅是循序渐进的生态效益（见专栏"从循序渐进到异端"）。

以布料染色为例，整个染色过程的用水量是惊人的。阿迪达斯公布了一组引人注目的数字，因为这些数据听起来很荒谬，所以我对数据做了重复检验。请你先想象一下地中海，从西直布罗陀海峡延伸2300英里到东边的土耳其、叙利亚、黎巴嫩和以色列。再想象一下：每两年，仅仅是染布，全球服装行业的用水量就有那么多。[4]

显然，这种程度的资源消耗无法在一个气候更炎热、资源更稀缺的世界中持续下去。所以阿迪达斯问了一个离经叛道的问题：我们可以不用水就染衣服吗？答案是肯定的，但阿迪达斯需要与一家泰国小公司叶氏集团（Yeh）进行合作。阿迪达斯正在试验干染法，这种方法是用热量和压力将颜料压制成纤维。该过程可以将能源和化学用品的用量减少50%，并且无需水。

耐克还问了许多关于生产鞋子的异端问题，寻找减少黏合剂中有毒化学物质和材料使用的方法。2012年奥运会期间，一项全新的设计——耐克Flyknit登场。这款绚丽的鞋子上半部（不是鞋底）是用一条布料编织而成，而不是剪切布料的拼接。与典型的跑鞋相比，耐克Flyknit型号的鞋子减少了80%的材料浪费。[5]

第134页 ## 产品：为什么卫生纸卷需要纸板芯？

2010年，旗下拥有舒洁（Kleenex）和适高（Scott）这样的大品牌，市值210亿美元的金佰利公司质疑了这样一个简单的假设：卫生纸卷必须装有纸板芯来保持其形状吗？接下来，金佰利开发了适高自然（Scott Naturals）无芯生产线，使得这个家居用品保留了大家所熟悉的圆柱形状，但去除了纸板芯，保留相同大小的孔状空间。

纸卷像往常一样放在取用器上，直到最后几张它都能保持形状。这个产品看起来也许没有什么，但其实需要创新型的滚动技术——当人们参观工厂时会发现这项技术藏在一块大篷布下面，这个产品的推出非常成功，目前已成为价值1亿美元的"适高自然"品牌的一部分。[6]

那么去掉纸板芯是不是拯救了世界？当然不是。但如果它可以成为行业标准，那么在美国每年我们可以节省170亿个纸板芯，此外，运送更轻的卷纸还能节省能耗。这是异端思考的良好例证，因为无芯卷纸不是使用的纸板芯越来越少，而是根本没有使用。这也许是我们创新的一个小例子，但重点是异端想法可大可小。

即便如此，我们期待大多数产品能够有更深刻的异端变化。在我们能想到的更多的产品类别之外，我们购买的东西可以变成一种服务，或者完全消除。还记得惠普的登月系列服务器技术吗（见第三章）？惠普声称他们的新产品是第一个"软件定义的服务器"，能够将能源减少89%，将成本降低77%。或者想想赤脚跑步，把它当做一种异端想法，远超过耐克的Flyknit的创新（问一下，我们需要鞋子吗？）。或者看看汤姆布鞋公司（TOMS）的商业模式创新，顾客每买一双鞋，汤姆布鞋公司就向发展中国家寄送一双鞋，虽然公司里有反对的声音，但这种模式肯定会撼动整个鞋子的销售模式。像热布卡这样的汽车共享公司——以及所有新型合作消费初创公司——都围绕产品和所有权提出了不同的问题。

我们开始走向深入，重新想象一下那些可再生的产品与服务，通过每一次使用，我们都能让世界变得更美好（再比如，家庭产生的能源比消耗的能源还多）。如今这些想法听起来很奇怪，但是曾经被视为异端的点子也可能很快就会成为标准。

包装：我们为什么需要它？

鞋子总是被置于纸盒中，当顾客离开商店的时候，纸盒又会被放入一个更大的塑料袋里。在再设计的创意中，彪马去除了盒盖，将鞋子塞到（一个无盖的）大小合适、可生物降解的袖袋里，这种袋子被称为"聪明小袋"。这是一种具有时尚感和功能性的购物携带方式，能够减少65%的纸板使用。[7]

金佰利公司在巴西出售Neve品牌的卫生纸。在一个奇怪的，有些许小异端的时刻，产品经理决定通过将卷筒压平一些的方式来减小包装和多卷包装的尺寸。这种叫Neve整合装的包装不花一分钱就将塑料包装减少了13%，并使运输的卡车（省油费）、零售商的货架、顾客的储藏室中多装入了18%的卷纸。[8] 故意改变产品形状可谓是小而有趣的品牌异端，客户还可以把它还原回原来的形状，放到卷纸架上。

惠普与沃尔玛合作，用笔记本电脑进行了一个有趣的实验。摒弃传统的——用泡沫和纸板包裹电脑和所有配件——运送电脑方式，惠普把所有组件放进信使袋中，消费者也可以用它携带电脑。第136页出于安全考虑，公司把每个信使袋包裹在一个小塑料袋中，并将每三个袋子装进一个运输纸箱中。这个外包装箱是零售商必须管理的唯一包装。从消费者的视角出发，包装其实只是那个小的塑料安全袋，但对于公司而言，这样就把消耗减少90%以上。

惠普近乎消除了所有的包装——这也是一种异端的举动。[9]

从循序渐进到异端

我是循序渐进、线性思维和行动派的拥护者。定期、持续的进步可以形成惊人的结果。在策略大师吉姆·柯林斯（Jim Collins）的《因选择而伟大》（Great by Choice）一书中，他描述了帮助罗尔德·阿蒙森（Roald Amundsen）赢得通往南极点的第一场比赛的一个不懈的承诺：无论在什么条件下，他的队伍每天都要行进20英里。[10]

就大挑战而言，我们知道在一些问题的解决上需要进展有多快。从现在到2100年，我们需要每年以6%的速度降低全球碳强度（即单位美元GDP的碳排放量）。这听起来很清晰，但有以下三个重要原因让我们觉得循序渐进的方法是次优的，也无法让我们达到目标。

首先，即便6%是个大数目，如果阿蒙森为达到目标每天必须跋涉100英里，他可能会重新考虑使用雪橇犬的整体策略——或者等待28年直到直升机的发明。其次，公司通常会发现，直接减少80%或100%的投入或影响所用的花费，要比将这个比例切割10次，每次减少8%或10%的花费要少。逐步改进的边际成本往往会快速上升。第三，为达到跨越式削减作出的努力也将推动革新——宝洁最近开发了一种新型的注塑成型技术，宝洁称这种技术将使塑料包装比原来薄75%，可以每年节省近10亿美元的材料成本。[11] 通常，更好的路径是在系统视角下进行全盘反思。

第137页

市场：为什么创新不能来自金字塔底部？

金字塔底部是指十几亿接近全球收入分配底层——那些有可支配收入，也许很快进入全球中产阶级的人。多年来，像宝洁这样的公司一直试图打开这部分市场，方式是生产更便宜的产品，比如更小、更便宜的一次性洗发水。但人们越来越意识到，服务于低收入人群的创新可以逆向影响其他收入群体。例如，美国通用电气在印度生产了一种售价为1000美元（而不是西方的10 000美元）的简化心电图仪。在消耗更少的材料和简化设计方面，公司累积了不少经验，公司为什么不能将这些经验用在向全球出售更低价的产品上呢？鉴于我们面临的自然资源压力，这种被维嘉·戈文达拉扬（Vijay Govindarajan）教授称为"逆向创新"的形式可以成为一个强有力的工具。[12]

创新本身：可以邀请每个人参与我们的创新吗？

开放创新的整体观念是异端性的。研发一直是一种具有高度专有性的追求，大多数组织对外来想法都有着深深的"非我所创，不为我用"的想法和反应。但是有些公司意识到单凭我们自身是无

法解决全球化挑战的。正如通用电气首席营销官贝丝·康斯多克
（Beth Comstock）所言，"我们正在寻找新的创新模式。我们并没
有全部的答案和所有的能力"。[13]

　　通用电气公司连同它的"绿色创想挑战赛"跳入这片开放的
水域，公开征集能够更好地"给电网发电"和"给家里输电"的
好点子。在比较了5000个商业计划后，该公司及其风险投资合作
伙伴将1.4亿美元资金投给了受邀参加"开放派对"的清洁技术创
业公司。康斯多克说，这一举措让人大开眼界，它"挑战了我们
的许多假设……许多想法涌进来，我们第一反应会想到，'这在
科学上不可行'，但随后我们会更深入地去了解，清楚为什么会
这样"。

第138页

　　开放创新及其"近亲"——共同创造——都是让新锐企业家发
声、提出异端问题的很不错的工具。诸如通用电气公司"绿色创想挑
战赛"这样的项目，可能是将大公司与小型创新公司、资本与想法、
经验老手与年轻后辈、实际和异端结合的最佳希望了。

消费驱动的商业模式：如果要求客户少用我们的产品呢？

　　我经常写到废物管理公司正面临的一项关乎其生死存亡的业
务威胁，这种威胁来自于消费者的"零废物到垃圾填埋场"的目
标（另一个从异端想法迅速发展到行业规范的业务实践）。所以
废物管理公司正在转变成一家帮助企业回收和减少浪费的公司。
想一想，施乐、惠普等公司现在是如何帮助客户减少打印机的购
买数量、减少纸张的使用和成本的。让您的客户减少使用您企业

的核心产品，·这是一项最深刻的、最有生产力的异端改变（赶在其他人之前）。

联合利华也在挑战着典型消费产品经营模式的核心理念。联合利华的可持续生活计划是一套清晰的、具有策略性目标的集合，这些目标与销量翻倍、碳排放减半的大目标相一致。这个改善联合利华环境和社会绩效、帮助数十亿人改善健康、减少影响的计划，与联合利华的战略计划紧密相关。其他大多数声称有目标或策略来应对大挑战的公司，往往不能很好地将这些计划与企业的愿景相结合。然而，对于联合利华来说，可持续生活计划正是公司的战略计划。

一些像巴塔哥尼亚这样的公司正在进一步推动进程，他们询问在资源有限的世界里销售这么多东西有何意义。巴塔哥尼亚公司已经保证了服装无限期穿着，无论折旧到什么程度的巴塔哥尼亚产品都提供修理这项服务。而其意义远超过这点，因为它要求人们减少购买。对于常规的商业模式和以消费为主导的资本主义来说，这是更加深刻的挑战。

系统：我们能否与最激烈的竞争对手合作？

让气候变化和资源紧缺这类大挑战与众不同的是他们的规模和相互关联性。我们要全面解决这些问题，理解我们所属的系统，并与其他面临同样挑战的人进行合作。

多年来，饮料与食品公司一直在寻找破坏臭氧层或者导致全球变暖的制冷剂的替代品。可口可乐公司已经与百事可乐及其共同的

第139页

供应商密切合作，探讨用于自动售货机的新技术。想想看：可口可乐与百事可乐合作（第十二章会对这个伙伴关系展开详述）。

单单是饮料冷藏这个问题就让很多行业和价值链头疼。说到更大的挑战，我们要面对的是更大、更复杂的系统。汉娜·琼斯（Hannah Jones），耐克公司可持续发展与创新部副总裁，在系统创新中发出了响亮、清晰的声音："如果我们不实现系统转变，那我们可能也要收拾东西回家了。"[14]

转变标志：麦斯汉堡

第140页

瑞典快餐供应商麦斯汉堡（Max Burgers）作为拥有超过2亿美元收入的公司是很不寻常的。从2000年开始，为改善营养，减少脂肪、盐分和糖的摄入，以及消除转基因生物和反式脂肪，公司检查每种原料。菜单变得更健康，也有更多除了汉堡之外的选项。趁着讲述快餐危害的纪录片《超码的我》（Supersize Me）的热播，麦斯汉堡推出了一个"把我最小化"（Minimize Me）活动。一个长得像赛百味著名代言人杰拉德（Jared）的客户，在90天内只在麦斯汉堡就餐，最后体重减轻了77磅。麦斯汉堡持续鼓励客户少吃肉，部分是健康原因，部分是因为工厂养殖肉意味着大量的碳排放。现在麦斯汉堡连锁店的非牛肉产品销量已经比最初高出了30%，利润也远高于行业平均水平。[15]

如何执行

让异端可操作化

"提出离经叛道的问题"，说得简单，做起来难。以下是我从自己的作品《绿色恢复》一书以及与客户和创新者的对话中选取的一些想法。

大胆想，设定远大目标。当我们设定以科学为基准的大目标时，就是在迫使人们寻求更大的机会。

从价值链数据开始，明确大的风险和机会。即便是确定重大影响"热点"的定向分析，一旦有了坚实的数据，管理人员就可以将异端问题集中在价值链的适当部分。

形成合理的问题。在实现大目标和大幅减少影响的过程中，什么是最大的障碍？联合利华已经在网上开启了题为"挑战与需求"的讨论。该公司正在寻求解决难题的方案，比如为发展中国家带去水（这是一个关键问题，因为它不仅是深刻的道德关怀问题，还是一个出于实际考虑的问题——如果没有水，也就没有联合利华洗发水的市场）。

将创新思想带到极端但有逻辑的结论中。管理运行数据中心的经理可以提一些操作层面的问题，比如"为什么我们不能使用外面的空气代替空调"。但他们也可以更加深入。微软正在试验将设备置于室外帐篷下（为什么我们需要建筑），许多公司在将自己的处理过程外包给更加高效的云服务（我们需要自己的数据中心吗）。

假设运营的任何方面都有可能异端创新。据联合包裹服务公司执行官斯科特·威克（Scott Wicker）所说，该公司"将其棕色快递车看做一座移动的实验室，我们正在试验每一项你可以想象的技术"。[16]

采用开放式创新与合作。邀请员工、客户、供应商和世界上其他人来帮助解决大问题。共同创造的目的是缩小参与者的范围，将广阔的视角整合到深刻的对话中。确保一定要让更新的、更年轻的员工参与进来——他们不会那么想当然，对于全球挑战有着更深的信念。

第142页

表现个人领导力（用行动说话）。让高级管理人员参与到创新大讨论和头脑风暴中来。他们应该公开地产生古怪想法并支持试点项目进行探索。

将创新系统化。围绕非正式想法建立正式结构。把绿色创新当研发工作的一部分，也将其非正式地作为每个人的工作。模仿3M和谷歌，这两个公司都以为激发员工灵感而为员工留出时间而出名。但更进一步，让创新成为文化的一部分。正如设计专家瓦莱丽·凯西（Valerie Casey）所说："我更喜欢一直保持创新力，而不仅仅是为它留出时间。"[17]

创造竞争氛围。从内部分享可持续发展业绩的数据能够推动真正的竞争以及跨部门、跨产品的学习。或者利用公共奖励，比如X奖（X Prize）或者100万美元的奈飞奖（Netflix

Prize），后者用于奖励任何敢于迎接挑战找到更好的电影推荐算法的挑战者。

下小赌注。这可能听起来有悖常理，但是异端性想法可以从商业的一小部分开始，如果有前景，那么可以迅速扩大。这是彼得·西姆（Peter Sims）在《小赌注》（Little Bets）中的核心观点，这种观点在吉姆·柯林斯和莫顿·汉森（Morten Hansen）的《因选择而伟大》中也有类似的表述，书中建议"先子弹，再炮弹"。以一种更小的方式进行尝试（品牌或过程），然后将其快速成型。[18]

奖励最古怪的想法，并为失败庆祝。对展现出勇气和尝试新事物的员工给予一些公开的赞赏和认可会促使其成功。软件制造商Intuit曾经将"全垒打奖"（Swing for the Fence Award）颁给了一名发起开拓年轻客户活动的员工，尽管这个倡议以惨败告终。用作家和非盈利专家贝丝·坎特（Beth Kanter）的话来说，"向失败鞠躬"。坎特还提到了Dosomething.org的故事，它每个季度举办一次失败盛宴——一个面向员工、实习生以及董事会成员的非正式会议，意在发出"失败并不是什么羞耻的事"的信号。[19]

快速失败。我们没有很多时间可浪费。如果你创造出一种"失败是可以的"文化，并下了小赌注，那么你也应该具备从那些想法中快速抽身的能力。

异端创新理念：构建臭鼬工厂

公司应当对破坏和瓦解感到自在，并努力让其发生。任何可能蚕食核心业务的战略都会遭遇强大的阻力，所以你应该设立一个单独的部门去照常挑战业务。我们将其称为异端创新中心。将跨部门的经验和新老员工整合到一起，让他们负责深层次地开发新产品和服务，帮助客户应对全球的巨大势力；在经营中寻求根本的效率；发现深层次供应链的机会；重新设计组织文化，支持深刻变化。将效率提升带来的收入投入到推动购买、资助更大的创意想法中去。

对于很多组织来说，接受失败，为深刻的异端创新而努力的概念是难以接受的。但是想一想，如果你不追求这个策略，那你究竟在表述什么。第144页

动画先驱皮克斯的总裁兼联合创始人艾德·卡特玛尔（Ed Catmull）指出，当你在做新的事情的时候，从定义而言，你在做一些自己不太了解的事，这也就意味着会出现错误。他说，如果一个公司不鼓励员工出错，也就不会鼓励任何具有创新性的东西："我们在非常认真地做，所以我们不把错误当坏事……错误只是一个学习的过程。"[20]

即使有宽容的态度，推翻现状也是很大的挑战。毕竟他们已经习惯于烧死异端者。我们需要的是聪明和勇敢。据说爱因斯坦曾经说："任何聪明的傻瓜都可以让事情更大、更复杂、更激烈。我们需要一丝天分和很大的勇气，才能让事情朝着相反的方向发展。"

估值转变

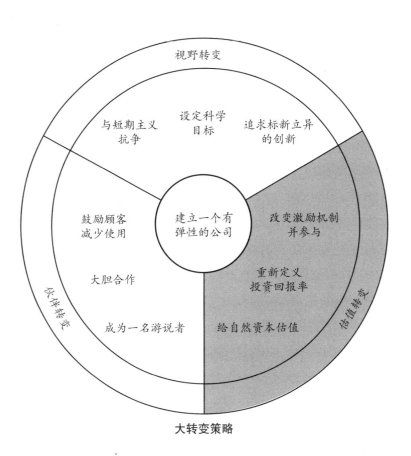

视野转变

与短期主义抗争

设定科学目标

追求标新立异的创新

鼓励顾客减少使用

建立一个有弹性的公司

改变激励机制并参与

大胆合作

重新定义投资回报率

成为一名游说者

给自然资本估值

伙伴转变

估值转变

大转变策略

第八章 改变激励措施，全员参与

让员工参与进来，这非常重要。

盖洛普的一项研究显示，员工参与度最高的公司比员工参与度最低的公司业绩高得多：盈利能力高16%，生产力高18%，人员流动率低25%～49%（取决于行业）。[1]最后一项可以节省一大笔钱。软件领军公司思爱普计算出"保留率上升或者下降一个百分点，对我们营业利润的影响约为6200万欧元（约合8100万美元）"。[2]

峰值业绩专家托尼·施瓦茨（Tony Schwartz）将一个有参与度的工作场所描述为"一个充分激励员工的环境，在这样的环境下，员工的身体、情感和社会福利得到加强……更具体而言，员工增加的能量来自于……强烈的目标感"。[3]

向着大转变前进，解决公司和世界所面临的巨大挑战是特别好的激励因素。从事一项既能盈利又有更大好处的工作是鼓舞人心的。策略大师迈克尔·波特（Michael Porter）谈论他的共享价值框架的一个重要好处是："你从组织中得到巨大的能量爆发……人们为自己所做的事感到自豪……他们觉得自己真的是在做贡献……他们不只是赚钱……赚钱之外他们还……"[4]

这个"还"是很重要的——但是如何创造这个层面的参与度

呢？归结起来，有两个基本的驱动因素。第一个，有内在或内部的回报可以让人们有成就感、被重视感，并在工作中找到意义。这也是行政教练玛丽·高栏（Mary Gorham）所描述的："人们通过自己的工作在多大程度上感受到了目标感。"[5] 基本上，在人们关心他们在做什么的时候，他们会更努力地工作，把工作做得更好。第二，有外部激励因素，大多是直接的奖励，如认可、奖励、现金和升职。当我概括地说"激励"的时候，已将上面两种类型的奖励都包含在内。

人们有动力去做事情，一般是在两种情况下：要么满足自己的成就感，要么是获得报酬。理想情况下，内部和外部激励可以和睦共处。在讨论驱动个人行为的动机前，让我们先快速看一下组织行为的一大驱动力——组织文化。

文化的作用

文化是一种无形的概念，但它融入每一个组织，深刻影响人们的行为方式和他们对工作的感受。咨询顾问兼作家安德鲁·萨维茨（Andrew Savitz）在《人才、变革和三重底线》（Talent, Transformation, and the Triple Bottom Line）中写了很多关于文化的内容。萨维茨这样描述："当员工说，'我们在这儿就是这么做事的'，他们通常是在描述文化的影响。当他们满怀热情地执行一些命令，而悄悄地忽视其他命令，甚至积极抵抗或破坏另一些命令时，这可能反映出了让他们'觉得对路'的企业文化及价值观假设。"[6] 在萨维茨的描述中，文化似乎是一个"当你感受到时便知

第149页

道了"的东西。

　　萨维茨让我注意到由美国麻省理工学院斯隆管理学院的埃德加·希恩（Edgar Schein）提出的一个著名模型。希恩模型描述了三个层次的企业文化，萨维茨将其重新阐释如下：

　　　　层次1　我们所做的（公司观察到的部分，如运营和行动）。
　　　　层次2　我们所说的（像是"安全是我们的首要任务"这样明确的陈述）。
　　　　层次3　我们所相信的（"潜在假设"，"无意识，被认为是理所当然的信仰……价值观和行动的终极来源"）。[7]

　　这个简单而强大的模型捕捉到了一些阻碍大转变的东西。在大多数组织中，将利润最大化的目标清楚地显示在所有三个层面上——所做的和被奖励的，所陈述的以及多数高管所相信的。但是当涉及环境或社会效益时，便会出现问题。

　　越来越多的组织，但不是全部组织，正在采取一些减少影响的行动（层次1），许多组织正在发表声明或推出可持续发展报告（层次2），但许多公司的信念系统（层次3）仍然在质疑所有这些努力。根据我的经验，很多高管依旧认为：这些巨大挑战是被夸大了，或其实这些挑战本身就存在解决方案。大多数人认为解决这些问题将花费巨额资金。

　　短期内，"我们所相信的"层面似乎胜过另外两个层面。但是第150页如何改变个人或文化层面的信仰呢？也许积极、持续地改变前两个层面有助于逐步走向第三个层面。如果你实施了特定的激励措施，推动人们朝着更环保的经营方向发展——这很重要——如果人们开始看到它给公司带来的效益和价值，那么信念将会改变。

而第一步就是改变激励措施以鼓励长远的思考，还有可以根据不同的优先级别来给予不一样的金钱回报。

长远思考的直接激励

我们可以细谈一下，行政人员的薪酬水平是否已经增长到荒谬的程度。但对于这个讨论，真正重要的是，最高级别的管理者们是否被激励去做正确的事情。高层管理人员主要通过奖金和期权获得薪酬，几乎所有奖励都是对于短期收益和股东回报的业绩奖励，二者没有一个与创造真实价值相关。

正如《从短期主义拯救资本主义》的作者阿尔弗雷德·拉帕普特所说："高管可能会选择延迟或者放弃能够创造价值的投资来实现其奖金目标。这些至关重要的投资包括研究、新产品开发、品牌塑造、产品和市场拓展。"即便是多年激励计划也包含相同的缺陷：惊人的是，在最大的250家公司中，只有10%包括了非金融性衡量标准，比如质量、安全或新业务发展。[8]

为解决这个主要的激励问题，拉帕普特提出了一系列解决方案，我将其总结为以下几个要点：我们需要在期权上有更长的待权期；延期付款（例如，如果期权为3年，你必须再持有5年）；还有指数期权，只有在你的表现优于其他同业标杆时才可能得到回报。

这些是改变股票激励时间期限的好方法，但是也有奖金问题。在组织里从上到下地改变奖金的基础，能够在改变优先等级和体现公司真正关心的东西方面走得更远。

拉帕普特建议用奖金激励运营经理以推动长期价值的现实的实现："引导指标往长期看，但是在短期内要求责任问责制。"他列举了百事可乐旗下的菲多利(Frito-Lay)公司一个司机的例子，这个员工的激励奖金可以根据他在运输路线上每家商店能够提供的货架空间或者顾客的满意度和留存度来决定。对于公司中的其他员工，奖金可以与新产品或者雇员满意度挂钩。

激励转变的直接措施

奖金应该鼓励经理人对大挑战采取行动，而非只是每天的结果。如果没有，那么发出的关于组织信仰的信号又是什么呢？更糟糕的是，如果一家公司表示自己会致力于环境和社会问题，却不将报酬与这些内容相联系，这样口头与现实之间的差距可能会让人没有动力，还不如什么都不说。

为人们支持大转变的行动付钱，传达出直接奖励的正确信号，也触发了人们的目标感，推动真正的参与。我建议将薪酬与具体行动挂钩，比如减少自身或供应商的材料和碳强度（对于生产经理或采购执行人员而言），或者搜集到多少开创性的想法（对于研发人员而言）。

但总奖金或激励金的百分之多少应该和这些大挑战行动挂钩呢？越多越好。一家中型砂矿业务公司平山矿业（Fairmount

Minerals）已经开始了在这个问题上的极限挑战。在内部创新活动中员工提出想法之后，平山矿业会根据可持续发展的关键绩效指标（KPI）进行业绩评估，最终占每人奖金的比例可高达50%。

正如首席执行官查克·福勒（Chuck Fowler）所说："我们觉得获得指数级收益的方式是在工作生活中植入可持续发展的概念。"这些激励措施奏效了。在2012年，公司在可持续发展项目上投入了600万美元，实现了约1100万的直接成本削减——净收益500万美元。[9] 平山矿业也与客户和社区建立了更深层次的关系，一些客户经常会询问如何创建类似的项目。

平山矿业已经将50%的奖金和可持续发展战略绑定，据我所知，没有任何其他组织接近这个数字。但一些大公司也开始为大转变行动起来了——包括最大的公司沃尔玛。

沃尔玛的10万家供应商都知道，这家零售巨头想要他们提升环境业绩。这种压力改变了成千上万种产品的生产、包装和销售方式。但供应商一再提出一个关键且合理的意见：沃尔玛的"商人"——有数十亿美元购买力的采购经理，在作出购买决定时并没有考虑到可持续发展的问题。

沃尔玛的执行总裁杰夫·赖斯（Jeff Rice）说，供应商基本上是在告诉公司："提问题很好，但你只有用这些信息来做一些事情的时候才有用。"在他们眼里，沃尔玛在进行采购时仍然以价格为主。但现在，除去全神贯注盯着成本之外，沃尔玛的商人还必须在作出购买决定时考虑环境和社会效益，否则他们会面临惨淡的业绩评估和奖金的缩减。[10]

　　可持续发展联盟（The Sustainability Consortium, TSC）的数据显示，沃尔玛已经描绘了不同类别产品价值链条沿线的碳足迹热点（例如，像苏打水这样的产品，实现节水和减能的最佳地点是在糖种植者的上游）。沃尔玛还使用可持续发展联盟的特定类别指标来评估供应商对于热点的处理。根据热点图和供应商对同类产品的表现，买家现在必须制定可持续发展目标，并将此目标纳入到年度绩效考核中。

　　设置绩效目标的第一个商人是沃尔玛的笔记本电脑采购员。在电脑的生命周期中，一个明显的热点是计算机试用期间的能源消耗。对于大多数笔记本电脑而言，默认电源管理设置决定电脑何时进入睡眠状态（如果会的话）或者屏幕何时变暗。但商家购买的笔记本电脑中只有30%预先安装了最好的节能设置。如果我们的消费者会自己去改变默认出厂设置，那就没有什么影响，但沃尔玛的研究表明，我们大多数人从来没有自己去改变过设置。

　　因此，这位笔记本电脑采购员为自己设置了一个新的目标：将出售的带有高级电源设置的笔记本电脑的比例从30%提高到100%，在2013年，她实现了这一目标。沃尔玛把以数据为指导、注重碳足迹的绩效目标推广到300个类别的商品和数百名采购员之中，这些商品门类和采购员占到沃尔玛美国本土销量的60%（营业额达1650亿美元）。

　　激励措施的变化并不小。沃尔玛的赖斯告诉我，采购员的表现评估只包括为数不多的几个目标，在年度审查中会全面讨论。

　　可持续发展绩效不会决定整个评估，但它备受瞩目，足以影响第154页人的行为。

激励是重要的，文化久而久之也会发生转变。像转变绩效评估这样通过脚踏实地的努力获得的运营变化可能并不性感，但结果却是深刻的。

将系统"游戏化"：以乐趣满足员工，重视他们的付出

我是玩第一代电子游戏长大的——先是雅达利，后是任天堂——一个小时接一个小时地玩。如果你把忘记吃饭当做"上瘾"，那么是的，我觉得玩游戏很上瘾。但曾经令人讨厌的东西现在成了时髦甚至是主流。苹果手机和平板电脑上的热门游戏"愤怒的小鸟"有高达十亿次的惊人下载量。[11] 现在最受欢迎的游戏要比最红的电影卖得好。

商业世界注意到了这样的现象并尽力弄清楚如何利用它。例如，丰田和通用电气公司都从寻找节能方法的角度出发，设计了一款游戏，将不同职能的团队聚在一起共同"寻宝"。通用电气发现自己的业务经费节省了1.5亿美元，并帮助其他公司也这样做。通用资本（GE Capital）和一家中型包装公司ExoPack联合进行了一次"寻宝"活动，发现了每年45.3万美元的节能机会。[12]

公司现在正在将游戏的工具和上瘾特质转移到其他设置中。这意味着在非游戏环境中使用"游戏机制"（感谢维基百科）和杠杆技巧，诸如积分、徽章、级别、进度条或虚拟货币等来激励人们采取行动。这个策略就叫做"游戏化"，它越来越成为一项核心业务。

组织机构正在用游戏来教人们学习新技能，还可以鼓励创新、第155页
激励员工、吸引新员工——美国军方创造了一个在线招聘游戏"美
国军队"。绿色实际（Practically Green，PG），一家游戏界创业
公司，将自己描述为可持续发展的参与平台，鼓励员工在工作地点
以及家里做更多的绿色环保的事情。员工可以登录系统，为自己的
行为获得积分，接受同行的好评，并且获得奖励。

　　绿色实际的创始人兼首席执行官苏珊·亨特·史蒂文森
（Susan Hunt Stevens）是"游戏化现象"的敏锐观察者，并且对
类似这样的参与项目如何能对公司发挥作用有着很好的见解。"一
个好的项目必须可获取（不论是在绿色实际端还是移动端）、可衡
量、可参与。"史蒂文森告诉我说："如果不能衡量，你就无法证
明投资的合理性。你需要将项目与你要努力实现的业务结果进行绑
定。"[13]

　　绿色实际的客户之一是游戏巨头凯撒娱乐（Caesars Entertainment），凯撒娱乐已将该平台作为其"绿色编码"（Code Green）
项目参与计划的一部分。赌场操盘手们正在通过让自己的生活和
工作场所更加环保来获得好处。凯撒娱乐的执行官格温·米基塔
（Gwen Migita）告诉我，公司最初是如何用这个项目来鼓励员工减
少家庭用水和用电量的，这项举措为参与者们每年节约大概400美
元的水电费。[14]

　　凯撒曾经用自己的"绿色编码"项目和绿色实际公司的游戏凭
条来收集提升业务水平的意见。公司对员工的两类行为作出奖励：
"提交关于在工作场所中节省能源的想法"以及"对你的区域进行

能源审计"。第一个是开放性创新的绝佳例子，也产生了一些伟大的新项目。一个员工建议公司创建一个虚拟仓库，在这个仓库里，如果物业公司要处理一些轻微使用过的设备——如冰箱、家具或餐具——可以把信息发布在虚拟仓库里，这样其他的物业公司可以免费取用这些设备。这是当今正在进行的一种很时髦的公司合作消费形式。

第156页

对凯撒来说，重要的是让员工参与进来，并且贡献力量。该公司的首席执行官加里·拉夫曼（Gary Loveman）写道，将环境和社会优先议题融入"公司DNA"是个挑战。让员工参与到目标中很重要。他说："真正的融入才能拿到冠军。"[15]

游戏化在鼓励人们参与和获胜方面做得很好，因此它不仅仅是好玩和游戏而已。凯撒的研究发现了一项重要的相关性，具有较高"绿色编码"项目参与度的酒店也有着更高的客户满意度和客户忠诚度。

内在奖励：在工作中寻找意义

很明显，直接的薪酬激励是重要的。人们在公司里做着与所得工资相匹配的事情。但在更深的层次来说，如果他们知道自己被雇来做的事不那么正确怎么办？或者这样说，当你将人们的价值观和激励机制相协调，会收获什么样的业绩（以及幸福和成就）呢？更具体地说，请再想一想沃尔玛采购员，当她得知自己的行为使数百万人使用了节能又省钱的笔记本电脑时，她会不会有更好的工作体验，或者因此更聪明、更努力地工作呢？

答案显而易见。但挑战是，如何把机构的价值、前面所提到的希恩模型中第三层次（译者注：即我们所相信的）以及员工个人的价值观统一起来。单一的改变途径，即仅靠改变奖金和关键绩效指标的外部激励因素是不够的。出于这个原因，许多公司现在试图与更宏大的目标相连，并以这个目标吸引更多的人。B Corp就是这些更重视道德和价值的公司，但我们也可以看到一些大公司也在走这样的路。萨维茨提到了两个例子：百事可乐公司"目标性绩效"的使命，以及星巴克用其所阐述的价值观和支持这些价值观的行为吸引新的员工。

第157页

谋求改变的议程将需要一些柔性文化方面的努力，创造打破家庭和工作之间隔阂、打破内部价值观和外部行为隔阂的工作场所。这意味着要在一个更大的议程中建立有意义的工作，一种团队合作的感觉和主人翁意识，而这都需要实际的激励措施、真正重视人们的想法、让他们产生新的想法、开拓新的业务来实现。这些转变将比单纯的奖金形式更能让人们深入参与进来。

如果你想着手改变公司的关注点和价值观，应该怎么做？首先是要改变"我们所做的和所说的"。但是这些新的理念不适合某些人怎么办？用吉姆·柯林斯在《从优秀走向卓越》中的话说就是，你得"让正确的人上车（并且让错误的人下车）"。[16] 实际上，和我交谈过的几个领导者都谈到了他们开始转变的时候人员流失情况的发生。

一家小公司的首席执行官告诉我，一些关键的销售人员对她生产无毒产品并大幅降低影响的新策略颇有怨言。但大多数的员工做出了转变。有一次，一个老员工难以适应转变，提早退休，但他还是向自己的儿子推荐了这家公司。

小人物，大影响

　　孩子们可以成为重要的转变动力。所以本书鼓励人们跟自己的孩子谈论大挑战。沃尔玛的新任首席执行官道格·麦克米伦（Doug Mcmillon），早在2007年，当他还在经营山姆会员店的时候，读了几本关于可持续发展的书，这些书引发了他的思考（其中包括我自己的《从绿到金》）。一天，麦克米伦问他11岁和14岁的儿子，沃尔玛是否应该关注环境问题。他的儿子们回答："当然了，我们需要这个星球呀！"这就是他们对话的全部，这使得麦克米伦将家庭的价值观与自己的工作联系起来。[17] 我从许多高管那里听到过类似的故事。这些与家庭相处的时刻可能影响颇为深远。

第158页

强力改变文化："守灵"

　　几年前，耐克的高管们就意识到他们在环境和社会问题方面取得了进展，但进展的速度还不够快，要继续前行，就应该将绿色理念纳入公司创新议程中。为了摆脱旧的思维方式，他们采取了一种"刻意的叙事转变"，这是他们策略的一个"大转变"。

　　耐克的企业责任小组去了一家爵士酒吧，为他们的前身守灵告别。涅槃重生后，他们将小组的名字改为"可持续商业和创新小组"，并在公司内部推广新的转变。该团队因为更强的使命感备受鼓舞，要把可持续创新注入整个公司。[18]

克拉克环保（Clarke Environmentals），一家农药和蚊虫防控的中型企业，在2008年就开始了其深刻的转变。这家公司的首席执行官、创始人的孙子，莱尔·克拉克深知改变势在必行。他当时还没想到用一个词来形容这种改变，但他就是想把公司带上一条新的、更清洁、更好的道路。首先，他召集了他的管理团队，把他们带到泳池边（还好他们穿了泳衣），要求他们与自己一起跳进池子里——就是跳进去的字面意思。通过将自己浸泡在水中让精神、思想焕然一新。[19]

第159页

通过这次集会和随后的第一次全体成员活动，包括世界各地小型办事处的代表们，克拉克人深刻思考了自身的企业和文化。他们努力思考自己想要什么样的公司，也思考了可能遇到的阻碍。

为大转变进行准备意味着你要知晓自己现在所处的位置，大概要去哪里以及道路上的阻碍都有什么。不是每个人都要举行告别仪式或者跳进游泳池，这只是两个帮助人们为新的思维方式做准备的象征性行为。

如何执行

每个公司可能走不同的路线去实现参与度目标。每个组织需要不同的外部（实实在在的奖励）和内部（创造出成就感和目标感的文化转变）奖励组合。一些公司自然会将业务联系到更广泛的层面上，而对具体的奖励措施用得很少。但每家公司都要改变一些结构性的激励措施。这个待办事项的列表并不复杂，即使会在实际实施过程中存在些许挑战：

改变高级管理者的期权和奖金。在公司高层，对全局性思考给予报酬上的长期激励（如长期授权、延长股息、指数期权等）。

将环境和社会问题纳入每个人的关键绩效指标和奖金中。平山矿业将标准设在50%，但壳牌公司将可持续发展关键绩效指标定为高管奖金的25%。奖励比例势必要达到如此力度才能够有效促成大转变。

要求运营经理在绩效评估中增加可持续发展目标这一项。将运营奖金绑定到对长期价值创造和碳足迹减少的"关键指标"业绩上。

对深刻和异端性创新创造进行奖励和激励。奖励最奇怪的想法或最深刻的异端点子——即便最后失败。记住Intuit公司的"全垒打奖"的例子。

多尝试，鼓励快速失败。首先在低风险、小范围内，尝试很多异端性的东西，然后再投资于那些靠谱的事情上。如同吉姆·柯林斯和莫顿·汉森在《因选择而伟大》一书中所描述的那样，"先子弹，后炮弹"。

以"游戏化"动员全体员工，也可以利用竞争。让员工们为改善公司业绩而献计献策，采取行动，并让整个过程变得有趣。人们总是喜欢赢。在3个月内，百事可乐公司的芝加哥办公室开展了楼层对楼层的节能比赛，最后，用电量总共下降了17%，而获胜的楼层，耗电量更是下降了31%。[20]

将员工行动与更大的问题相结合。凯撒娱乐的米基塔告诉我她在动员管家方面所做的努力，帮助他们明白为什么一个小小的举动——收集用过的肥皂而不是把它们丢掉——会对整个世界有所帮助："我们给他们看了一段视频，视频里讲的是这些用过的肥皂在海地和墨西哥被重新利用起来，帮助人们保持健康。他们看得热泪盈眶。"[21]

征集每个人的想法。工作满意度的首要驱动因素是被重视与被倾听。最好的想法通常来自最接近挑战的人，因此问一问前线工作者的意见很重要。

跟踪进度，庆祝胜利，给予认可。美国邮政服务仔细衡量了所有以雇员为主导的降低能源消耗、减排、节约用水的倡议。通过给予员工公开的认可，为公司每年省下5200万美元。[22]

及早并经常让人力资源部门介入。对于这一点我给予的关注可能太少了，但是以上的任何一点如果没有人力资源部门的战略性思考和指导都无法做到。用萨维茨的话说，人力资源部门就是"文化的管理者，组织变革的促进者，以及塑造和激励行为的专家"。[23]我们需要人力资源主管把环境和社会理念植入招聘、培训、工作描述和激励机制中。

经常会有人问我，如何能让人们认真对待环境问题。我通常用一个简单的问题去回应他们："你们公司花钱雇人是为了做什么事呢？"当然这是一个过于简单化的回答，但这也是萨维茨对于希恩模型第一层级核心内容的解读，即"我们所做的"。它也映射出表象之下的真实理念。但更重要的是，如果我们不花钱请人去应对大

第161页

挑战，那不是等于告诉人们这些问题对于企业成功并不重要吗？环境问题是需要下成本去解决的，而不仅是说说。

第162页

我们可以通过改变外部奖励、行动和声明来慢慢改变原来的信条。许多关于改变习惯的研究——不管是吃饭还是锻炼等——表明，你可以以一个实实在在的变化开始转变你的人生。早起晨跑，持续几个月，很可能你就把它变成了一种习惯。

除了改变外部激励措施，将工作中的人与更远大的目标连接起来会促成改变的发生。内在动机和外在激励的结合是关键。作为"大转变"类型的机构能吸引人的证据之一，就是求职网站领英（LinkedIn）上求职者关注度最高的雇主列表，该列表是由网络巨头从数十亿成员的互动中生成的。联合利华，也是本书中我所提到频率最高的公司，是第三大求职者关注度最高的雇主，仅次于谷歌和苹果这两家世界上最热门、最有价值的公司。而排在联合利华之后的则是像迪士尼、耐克、可口可乐和麦肯锡这样非常受欢迎的公司。[24]

因此如果我们愿意付钱请人来考虑长期问题和解决巨大挑战，把人们的行为和更高的目标联系在一起，那么我们就会建立一个有规律的管理长期目标的组织。久而久之，一个表里如一的组织的其他好处就会慢慢显现出来。这些在人们的行为和更大的目标间建立联系的公司会在市场上形成一股不可小觑的力量。当人们所做的工作与自己的价值观不再有认知失调的时候，就请拭目以待吧！

第九章　重新定义投资回报率，优化战略决策

几年前，联合利华聘请说唱歌手阿姆（Eminem）为其旗下产
品立顿冰茶代言，制作了一个以这个超级巨星为主角的黏土动画，
并在2011年的"超级碗"比赛期间放映。这些明星、动画和播放时
间的成本是多少？我敢打赌，成本一定很高。

市场营销的投资回报率是多少？确切地说，它的回报是什么？
这是一个无法回答的问题，但却告诉了我们一些东西。

"超级碗"广告的投资回报率是多少？

不少公司在不能精确获知投资回报率的情况下将大笔的开销
用于重要的商业倡议上。想一想市场营销、研发或者进入新的市
场——在中国开设第一家星巴克的内部收益率（Internal Rate of
Return，IRR）是多少？我们无法确知，但我们接受不确定性作为
战略决策制定和预算编制的一个正常部分。那么，当我们把一个项
目确定为可持续或环保项目时，为什么高管要求给出精确的投资回
报率和商业理由呢？环保项目在证明自己的盈利能力之前通常是被
视为没有经济效益的。

但是，许多环保投资得到的远不止质疑。正如金佰利公司的

前董事苏哈斯·阿皮特（Suhas Apte）所指出的："节能项目是板上钉钉的事。"也就是说，虽然市场营销的结果十分不确定，但回报是完全可预见的。因此，阿皮特会问，我们是要在营销和节能项目上投入相同的资金吗？金佰利的首席财务官马克·布茨曼（Mark Buthman）同意不同类型的投资存在重要差异的说法，"比起企业典型的资本项目，可再生能源投资的内部收益率所反映出的风险会更低"。[1]

让我们回到"超级碗"。我用联合利华（和阿姆先生）来说明一个小小的观点：我所称赞的在"大转变"战略方面作出表率的公司在其他很多方面的表现也十分典型。它们经常在不知道赌局输赢的情况下作出巨额投资的决定。这些盲目的投资在很长一段时间都是常态，尤其是在市场营销方面。正如19世纪著名的百货业商人约翰·沃纳梅克（John Wanamaker）曾说过的："我花在广告上的钱一半都浪费掉了，糟糕的是，我并不知道是哪一半。"[2]

作为一名前营销经理，我并不反对在打造品牌上花钱。但我又不得不问，为什么一些巨额投资项目无需回答多少问题就能获得顺利立项，而在关乎公司长期生存的战略投资上，尤其是那些涉及环境和社会问题的投资项目，要得到一些预算却相对严格得多呢？

第165页 这个问题与本章和下一章的核心问题紧密相关。在商业中，有很多原因导致我们无法为价值链准确估价。这种疏忽在碰到像气候变化或者资源紧缺这样的大挑战时会出现大问题。

未被估值的东西

如果一些东西免费，我们会过度使用。如果我们无法对一个东西进行定价，就会低估它的价值。我们可能会因此错过大的机会或忽视风险，直到机会或风险悄然而至。

在图 9-1 中，我用一个简单的框架来辅助思考商业中未被估值的东西。框架的一边是被经济学家称为"外部性"的一大堆东西——那些我们对世界造成的正面或负面的影响，对这些影响我们既不付钱也不收钱。市场并不对它们进行定价。污染就是经典的"负外部性"的例子；而提供就业，或者（无专利的）科技的影响——比如程序员在苹果操作系统上创造的App（应用）经济——则是"正外部性"的范例。

第166页

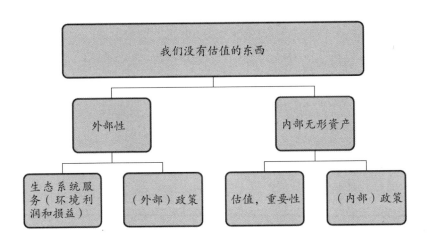

图 9-1　我们没有进行估值的东西

我看到两个不给外部性进行估值的解决方案。首先，我们可以使用新的评估工具来对一件事物为社会带来的价值或造成的成本作出估算。一个典型的例子是服装制造商彪马作出的"环境利润损益表"。这是公司对其生产过程中免费使用的自然资源进行估值的有力尝试。第二，我们可以游说，或者与政府一起，对这些外部性的事务进行估价（比如征收碳税），使得这些外部成本尽可能地内化和有形化。我会在第十章和第十一章对这两种解决方案分别进行深入阐述。

这个框架的另一边是创造了真正的内部价值（或风险），但目前还未被估值的东西。在这个令人感兴趣的类别里有品牌价值、客户忠诚度、经营许可以及对优秀人才的吸引力。而这些未被估值量化的部分正是大多数组织的市场价值。最近我问了200名来自世界上最大的消费品公司的金融高管一个简单的问题：你们当中是否有人相信贵公司的市场总值一半以上来自传统的有形价值（即财政和制造资本）？没有人举手示同。

想象一下，如果你的公司在衡量、投资、创建和收获无形价值方面能做得更好（不管是因为更高的价格和销量，还是因为更有效、更具创造性的工人而使得这些无形资产变成有形资产），那贵公司会有什么样的优势？或者你的公司在避免商业连续性风险方面比其他人做得更好，那么当那些不可预见的事件发生以后（而这些事总会发生），贵公司在恢复力上的投资有什么价值？

有两种主要的方法给这些"内部无形资产"估值。第一种是我们可以使用一些在拥有长期投资回报的行业里应用的估值技术，比如制药、电力行业以及决定什么对于商业是"至关重要"的新工具和想法（尤其是围绕环境和社会问题方面）。第二种，我们可以改变内部的"政策"或是用来进行投资决策的规则，特别是投资回报率。

老实说，第一个路径尚未十分完善。创建审计重要性（materiality）的新工具往往由可持续会计准则委员会（Sustainability Accounting Standard Board，SASB）这样的组织领导，同时也由大型会计公司，包括我在普华永道的商业伙伴们，来负责如何把评估技术应用到公司的环境和社会倡议上。现在最好的建议是对该领域保持关注，并参与到试图回答这些重要性和估值问题的工作小组中去。随着最佳实践的不断涌现，我将在此书之外（以博客和白皮书的形式）进一步探讨这一领域。

在本章中我会着眼于第二条路径，一条更能由单一公司掌控的路径。让我们看看如何通过调整内部策略来使战略投资更优化。

我们需要重新定义"投资回报率"

我说过，投资回报率不管用了。

把投资机会放在一起进行公平的比较是有效的做法。但大多数公司只是把投资回报率当做一种工具来使用，而没有考虑全面的价值。投资回报率和它的近亲——内部收益率，已经从有效的决策工具变成了让人头疼的东西。公司设定了绝对的"最低预期资本回收率"，投入和产出仅用实际现金流来衡量。在此过程中，这些组织可能会错过一些战略投资，而这些投资项目虽然不能达到最低预期资本回收率，但能够产生远远超过其用货币衡量的价值。

第168页

比如说，能源创新常常让企业领导们感到为难：他们可能想要减少碳排放，增加可再生能源的使用，但大多数时候他们并不能证明把可再生能源作为自身重要能源供给的投资是合理的。例如，安装自己的可再生能源系统的确能在传统的财务意义上获得回报，但这往往需要比一个公司典型的两年最低预期回收率更长的时间（尽管可再生能源的回报时间近年来已经大幅缩短）。

但投资也会创造出一些平常未获得衡量的价值。通过降低对化石燃料的依赖，能源的价格风险得以降低，这使得规划更容易，因为能源的可变成本几乎会降为零（一个能够温暖首席财务官心灵的数字）。像这样的投资能增强你在应对能源市场巨大变化或者在面对极端天气下能源短缺时的恢复力（如果你能把你的能源需求从传统的火力电网转移到其他选择上）。在清洁能源方面作出明智的赌注就是降低风险，也就是可持续发展组织中心的创始人马克·麦克埃尔罗伊所说的"生态免疫"。[3]这种弹性的价值在我们传统的投资回报中无法计算。

在可再生能源（或其他绿色倡议）方面的投资还可以通过增加销售获得额外的价值，即向消费者和商业客户证明你是在保持低成本和极少的碳使用，这可以增加你成为供应商的可能性。绝大多数跨国公司都表示他们将基于碳排放表现来选择供应商。39%

第169页

的碳披露项目的成员——包括家乐福、惠普、强生以及雀巢、百事可乐、索尼和联合利华等在全球拥有巨大影响且有远大价值链的重量级企业——都表明他们不会选择没有采取良好的碳管理的供应商。[4]

那员工呢？在全球人才争夺战中，那些行事正确的公司会吸引最优秀的人才。因此我们说的不是不良投资，而是那些因为价值没有被正常计算而在对比之下相形见绌的投资项目。而降低风险、建立自己的品牌、增加销售潜力、吸引优秀人才，这些价值虽然难以被估算，却是切切实实存在的。

那些额外的价值，如恢复力、降低的风险、增加的销售潜力，抑或是更顺畅的招聘过程，没有一样被计算在投资回报率里。简而言之，我们虽然很擅长计算投资，但在计算回报方面却实在不敢恭维。

但这一困境并非没有解决之法。如果企业能够调整计算投资回报率的过程或者重新定义投资回报率，也许我们能够找到更好的制定长期决策的方法。

如何执行：五种方式转变投资回报

公司如何才能更好地作出那些有着无法计算回报的长期战略投资呢？有以下五种方法：

为绿色投资设立专门款项

这是一个简单的策略，但可以有效地将资金专门投入可持续性投资项目中。例如，杜邦集团和建材公司欧文斯科宁（Owens Corning）将资金支出预算的一部分（1%～10%）用于能源效率项目。强生公司创建了一个内部减碳基金，每年向该基金拨款约4000万美元。[5] 经理们可以申请这些钱来投资可再生能源和能效项目。如果没有这样一笔提留款，提高效率的努力将会成为一句空

第170页

话，往往要让位于一些看起来更紧迫的事情——一些需要即刻修复，或者一些更新、更吸引人的生产线。专项拨款去做一些不那么激动人心的项目将会激发创新、发掘创意。这样，那些重要（且有益）的事就不会总是让位于迫切的事了。

使用组合方法

有几家公司找到了一种通过把绿色项目攒集在一起从而集中投资的有力方法。例如，清洁产品公司泰华施为其碳减排计划中的项目建立了两个指标：做到三年内收回投资，以及每减少100万吨碳所产生的成本。在120个可能的项目中，有照明改造，也有太阳能光伏发电系统，只有30个项目同时达到了这两个指标；但约有60个项目可以达到其中一项。

在一个扩大到90个项目的投资组合中，从整体来看，达到了所提出的双重指标。将投资项目集中起来，节能效率更高的项目也包含在内，创造了比最容易达成目标的项目更多的效益。泰华施因此将其减少碳排放的目标从8%提高到25%，并且生产出更高的净现值。[6]

组合的方法是达成高效目标的关键，比如要减少80%的碳，不妨这样想：如果你不将项目进行组合并且只做回报最快的项目，那么在第二年，你就会被困住。下一批项目的标准更高，按照简单的投资回报率的标准来看也未能达标。正如阿斯彭滑雪公司（Aspen Skiing Company）可持续发展副总裁奥登·斯切尔德（Auden Schendler）所说："正因为你只采摘容易摘的果实，你才无法取得更大的进步。"[7]

第171页

正式调整投资回报率或预设回报率

一些领导者正在试验低投资回报率的项目。对于资本投资而言，联合利华要求项目提供环境资料，这可能会导致最低回报率的再降低。工业巨头3M公司经常将防污项目的最低预期资本回收率从30%降低至10%。[8] 一个大型的食品和饮料公司将可持续性投资项目的最低回报率从 20%调至10%（但最常用的标准是资本开支的15%）。显然这些内部政策的调整不会自己发生，它们需要金融机构的顶层来决定。

随着时间的推移，这些承诺和努力将会有回报。十年前，瑞典的家具零售商宜家开始允许太阳能投资的回报周期为10～15年（可再生能源的赢利回报周期比现在要短得多）。该公司现在有超过15万兆瓦时的可再生能源产生，相当于他们自身的商店和配送中心所需电力的12%。[9]

> **转变的标志：阿克苏诺贝尔（AkzoNobel）**
>
> 在欧洲化学公司阿克苏诺贝尔，所有需要500万美元以上的预算项目都需要经由总监和首席可持续发展官进行审核。[10] 赋予首席可持续发展官在投资方面类似于首席财务官的权力，这是一个很好的大转折的标志。

策略性地改变或预期最低的投资回报率

第172页

沃尔玛，以抠门著称的公司，已经为其在加利福尼亚州75%的门店购买了可再生能源。该公司通常表示它只做满足两年预期回报条件的项目。但沃尔玛商业战略和可持续发展高级主任弗雷德·拜道（Fred Bedore）这样描述沃尔玛对绿色能源的投资路径："所有的可持续发展投资都是由投资回报率计算的，但我们会看这些投资能把我们带向何方。对太阳能投资的长期回报能够帮助我们将来把规模扩大。"[11]

从本质上看，拜道是在说，沃尔玛知道它可以帮助扩大太阳能市场规模，从而降低公司的未来成本，同时可以获得免费能源的可变成本上的直接好处。公司已经对其在绿色能源倡议的投资回报率上作出了调整，以在更广泛意义上体现它的价值。

无论是正式或非正式，改变预期收益率都需要高层的灵活性。高管们必须认识到，一些有价值的投资需要较长的时间才能取得回报。斯普林特公司（Sprint Nextel）首席执行官丹·黑森（Dan Hesse）说："大量的环保投资的净现值仍然是正数，但你要把回报期限作为例外。"[12] 但这也没有什么新鲜的，公司总是为市场营销和研发等领域破例。而所谓的"新"，则是将战略的逻辑应用到绿色环保的项目中去。

碳消耗定价

2012 年，微软开始向其全球的办事处和数据中心收取他们生产每一吨碳的费用（其中主要是来自电网的"间接"排放）。到2013年年中，公司已经收取了大约1000万美元。这些钱被用于对碳使用的补偿、内部节能项目和直接购买可再生能源，为此微软签约买下得克萨斯州沃思堡附近的一个发电功率为110 兆瓦的风能发电厂未来20年的发电量。[13]

三年前，迪士尼为了两个目标实施了类似的计划：减少公司的碳足迹；激励所有业务创新。迪士尼以每吨直接碳排放按10～20美元的标准收取费用，被征收费用的主要有主题公园、游乐场、建筑物以及公司车辆的燃料。[14]

"你排放得越多，付费就越多；你排得少，付费就少。"迪士尼的环境和资源保护高级副总裁贝丝·史蒂文森（Beth Stevens）说："费用的内化会激励我们的员工创造出新的想法和尖端的技术，在减少碳排放的同时削减费用。"[15]

到目前为止，迪士尼收取的费用已超过3500万美元，并将其投资于从内蒙古到密西西比的全球各地已获得认证的森林项目。通过这些项目，迪士尼已经抵消了其2012年过半的直接排放，在其"零直排"的长期目标上走得很稳健。

其他几家公司也用了内部碳定价和碳交易的办法，但这些都是虚拟价格，不是实际费用。例如，壳牌公司以每吨40美元的碳价格来建立自己的投资模型。而微软和迪士尼则是真金白银地收钱。微软的首席环境策略师罗布·巴纳德（Rob Bernard）说："如果你要运营我们的办事处，又选择以火力发电作为电力供给，那么我们将向你的能源消耗征收更多的费用。"[16] 理论上说，这笔费用会促使管理者作出更环保的选择。即使低于壳牌给出的40美元（每吨碳消耗）的价格，但一笔小而实在的税收应该会比一个数额巨大却虚无缥缈的税务名称更有用。

这些碳收费项目很好地模糊了图9-1中未被估价类别之间的

第174页 界限："给"未定价"的东西定价是解决外部性问题的核心方案。但这一过程也会产生内部价值。更高的碳成本让经理们减少能源使用，这会节省资金，同时使用可再生能源也会降低运营和投入的价格风险。微软把部分基金用在提高能源效率上，并且通过加快项目进程改变一些投资的回报率。但真正有意思的是那些围绕节能所激发出来的创造力。微软的项目执行官 T. J. 迪卡普里奥（T. J. Dicaprio）告诉我，碳收费"在激发创新方面尤其有用"。[17]

一切归于领导力

让我们再次回顾第六章关于帝亚吉欧的故事。在全球顶级企业的高管们设定"2015 年前将全球碳排放量减少50%"的宏大目标之后，帝亚吉欧的北美分部通过"低成本"或"零成本"的项目，提前好几年就完成了这个任务。但事实证明，要在世界的其他地方用同样的方式经济地减排要困难得多。因此北美分部需要在这方面承担更多，以帮助公司达到其全球性的目标。要减得更多，一些不同寻常的事就必须发生。这样的事也的确发生了。

帝亚吉欧北美分部可持续发展经理吉因·鲁明斯基（Gene Ruminski）提出，让公司的一家酿酒厂与当地的电力公司签订合约，供应垃圾填埋场产的天然气。这一净碳排放为零的解决方案将北美的碳足迹又减少了30%（总共减少了80%）。但这里有一个巨大的缺口：能源成本每年会上升超过100万美元，这笔费用超出了一家工厂的承受能力。

帝亚吉欧的全球供应和采购主席大卫·戈斯内尔（David

Gusnell），一个高级执行董事，听说了这个想法。（戈斯内尔是其公司内部的可持续性委员会成员——这是很重要的一点，证明了把激励机制和构建采购机制统一起来的好处。）以戈斯内尔的全球视野来看，他意识到，即使垃圾填埋场沼气的解决方案会增加一家工厂的经营成本，但却是一个相对廉价、能大幅减少碳排放的方式。所以他打消了疑虑，还给愿意打破工厂发展底线的管理者们提供一些急需的财政支持。

第175页

事实证明，工厂持续削减成本的举措已经节省了数百万美元的款项，因此，帝亚吉欧公司调低了酿酒厂节约总成本的目标，以便这项大规模的碳减排项目可以进行。总之，帝亚吉欧的首席执行官罗伯塔·巴比尔瑞告诉我，做垃圾场沼气的这个决定虽然"不是没有痛点，但它确实发生了"。[18]

鉴于公司领导者们要实现这一巨大目标的决心，帝亚吉欧的执行总裁保罗·沃尔什（Paul Walsh）会说出"可持续性已经从一种'能让人感觉良好'的东西变成'我们未来要取得成功不可分割的一部分'"这样的话便一点也不奇怪了。[19]

这是一种战略选择。真正的领导者作出的战略选择并不总是符合一般的投资回报率要求。金佰利的首席执行官托马斯·福克告诉我："我们的每一个决定并不都是在现有价值的基础上作出的。"他以好奇纸尿裤改善项目为例："我们会衡量这样的改变对妈妈们是否奏效，但我们不会对产品做净现值的分析——尝试去估计产品的改变对市场份额影响的做法太刻意——你想作什么样的分析都可以。"[20] 因此，他们着眼于能够为消费者带来的总体好处，估算了一下要执行这样的改变需要多少资金，然后就大胆执行了。

很明显，领导力很重要。有了更具战略性的态度，你才会对长期价值进行投资，无论是有形还是无形的价值。平心而论，大多数改变投资回报率的工具都是心理游戏。在任何时候，企业管理者们会说："不要将项目整合成一个投资组合去投资——只投资那些能够达到最低回报率的项目。"或者他们会问："我们为什么要把钱拿出来建绿色基金？让这些绿色项目和其他投资项目竞争啊！"

这种态度当然符合公司正常运营的方式。但采取"大转变"战略的企业应该有更开阔的视野。转变"不计成本使得本季度利益最大化"的心态并不意味着你要从资本主义转变为共产主义，而是说你要把对组织和社区的价值这样更广义的利润考虑进去。作为清洁技术和影响力的投资者，查尔斯·埃瓦尔德（Charles Ewald）最近对我说："资本主义和所谓的慈善之间的差别为创造性留出了许多空间。"[21]

这些心态上和组织上的工具与技巧是为了让你的企业更具创新性，从而收获一些实实在在却不易被评估的价值。另一个巨大的机遇则是给那些看重不一定能创造内部价值或风险的东西的人准备的。接下来让我们讨论一下外部性的问题吧。

第十章　给自然资本估值

　　有个古老的玩笑，一条鱼问另一条鱼：“这里的水怎样？”另
一条鱼回答道：“什么是那该死的水啊？”

　　当我第一次读具有开拓性的《自然资本主义》时，作者保
罗·霍肯（Paul Hawken）、奥莫莱·罗文斯（Amory Lovins）和亨
特·罗文斯有过类似的隐喻。多年来，这些作者以及其他科学家、
生态学家、经济学家，如格雷琴·戴磊（Gretchen Daily）、罗伯
特·科斯坦扎（Robert Costanza）、赫尔曼·戴利（Herman Daly）
和 E. F. 舒曼奇（E. F. Schumacher）等得出这样的论点：世界提供
给我们经济和生活的一切事物的价值，都被称为“自然资本”。森
林给了我们建设家园的木材和纯净的饮用水；自然赋予了能让我们
果腹的渔场和健康的土壤；地壳给了我们可以用来制造汽车、建造
城市、生产电子产品的金属；沿海的湿地和沼泽保护我们免受风暴
潮和洪水的侵扰……这样的例子还有很多（读者可以参阅“万亿美
元的价值”专栏来了解更多关于自然价值的内容）。

　　即便我们漫不经心、无视于它的存在，这些好处是实实在在、
显而易见的。大转变的核心是看到我们所处的“水”环境。我们的
社会和经济是处于自然界的包围中的，而非相反。当我们再回顾

第178页雷·安德森在图 P2-1中的简单观点，我们的"商业"是"环境"这个圆圈之内的方块，而环境是我们需要完全依赖却又无法复制的。这个想法可能听起来毫无新意，但蔚蓝的地球的确只有一个。

在某种意义上，"衡量自然的价值在商业上有什么意义"这个问题是没有什么实际意义的（甚至有点傻）。我们生活在一个整合了有限资源关系网的星球上。我们必须把这些资产管理好，否则将无法生存。不断地询问商业意义就好比一个饥肠辘辘的北极探险家在不停地担心他日益减少的存粮花了多少钱——如果他饿死了，那么探险所花的费用也就毫无意义了。

我们目前正在拆散维系我们生存的支持结构，就如拆毁自家承重墙一样。用商业的话来说，我们正在从世界的资产负债表中降低我们的资产。我们以市场为基础的体系的一个关键缺陷是，它并没有把我们的家园所提供的资产和服务的价值好好算进去。

在这些问题上的误解仍然深深地存在。我与一家大型食品公司的高层管理者谈过如何保护渔场（以确保其自身供应链）。他说，公司这样做很好，但好像实际并没有必要，因为受市场的调节，当供应减少时，价格自然会上涨，大家就会减少购买或者支付更高的价格。

除了糟糕的商业自身（你对原料价格的快速上升并不介意吗），他的观点也显示出与现实深刻且危险的脱节。早在市场价格反映出某种供应短缺之前，我们很容易就已经把某一种鱼给捕捞到灭绝了（这样的事早已发生）。这是一个经典的被称为"公地悲剧"的外部性问题。它所描述的情况是，每个人为了短期自我利益的最大化，都会竭尽全力攫取公共资源。讽刺的是，攫取公共资

源的个人行为是出于理性而作出的，但这样做的结果反而伤及每个
人的最佳利益。[1] 这个广泛而深奥的问题也是我们需要把共享资源
（空气、水、气候、鱼等）合理标价的原因——这些价格并没有被
反映在市场价格里——即便这样做并不容易。

第179页

正如真实成本公司（TruCost，主要从事环境数据和自然资
本）的首席执行官罗伯特·马蒂森（Robert Mattison）所指出的：
"正因为一件事很困难并不意味着我们不应该这样去做。石油公司
发现，要准确算出石油储备很难，但公司的高管们如果不向他们的
股东如实报告这些储备无疑是荒谬的，因为如果不这样做，他们该
如何估计公司的价值？"[2]

世界上几个关键领域（汽油、采矿、化学品以及一些面向消
费者的商业行为，如旅游）的大公司现在正在做自身行业的自然资
本评估。但要想把这些价值向华尔街资本市场进行传达并不容易。[3]

具有在自然和财务资本之间架起连接桥梁资格的人是马克·特
瑟克（Mark Tercek）。在高盛工作24年，终于位及合伙人的特瑟
克 2008 年做了一个有趣的职业生涯转折——去国际非政府组织大
自然保护协会（The Nature Conservancy）任职。在《自然财富》
（Nature's Fortune）一书中，特瑟克写道："我们要让商业机构、
政府和个人都意识到，自然本身不仅美好，它在经济层面也具有极
高的价值。事实上，自然就是人类福祉的基础。"特瑟克说，通过
对自然资本的估值和"连接自然和人类与商业的基本需求"，我们
可以"传播一个理念，即为什么每个人都应该保持一个多样化、富
有恢复力的环境"。[4]

在一个气候越来越炎热、资源越来越稀缺、信息越来越开放的世界里，我们将面临一些区域化的选择。我们要将有限的水资源用于农业、城市还是渔业呢？"这些就是社区、政府和商业企业将会面临越来越多的状况。"特瑟克表示，"一个以科学和伦理为指导的市场化路径能够为难以作出的决策提供基础"。[5]

第180页

万亿美元的价值

净化我们的空气和水，洪水管控，木材、金属、矿物、食物和药品的提供，这些都被称为生态系统服务，肯定是有价值的，对吗？现在最经常被引用的对大自然每年提供的价值的估算是33万亿美元（折合今天的价格是48万亿美元）。一个稍显不同的分析估计，全球经济免费消耗或者说破坏的自然资本每年达到7万亿美元。[6] 对于我们的经济和商业来说，这相当于数量不小的补贴。但这些数字可能看起来并没有什么实际意义。我们的社会所赖以正常运转的资源价值无法估量。你要知道，当没有水喝时，第一滴水是无价的。

他的话当然是对的，但市场要运作就需要价格。本章将着眼于令人兴奋的对自然界价值进行估值的全新尝试。陶氏化学和彪马这两家公司在这方面是先行者。

保护自然的商业案例：陶氏化学和大自然保护协会

几年前，陶氏化学宣布在五年内将花费1000万美元与大自然保护协会合作，用陶氏的话说就是，"共同努力，用科学的知识和经验来检视陶氏对自然的依赖和影响"。

　　这一伙伴关系将对陶氏的设施、产品和供应链进行检验，对与自然资本相关的风险和机会进行估值。例如，陶氏化学在哪些方面依赖于水资源？这种依赖对企业而言又价值几何？陶氏化学的首席执行官利伟·诚（Andrew Liveris）将这种合作描述为："（它）能在证明环境保护对自然也对公司有利的同时，帮助我们创新，找到应对世界严峻挑战的方法……将生物多样性和生态系统的服务纳入其战略计划的公司能够更好地应对未来。"[7]

　　在投入这项工作的几年之后，陶氏化学的高管和大自然保护协会的科学家们完成了一些艰难却出色的工作。他们聚焦于陶氏在得克萨斯州佛里波特的基地，这是世界上最大的化工和炼油基地，该基地生产出的产品占陶氏化学全球销售额的 20%。基地设施坐落于墨西哥海湾布拉索斯河下游，一个大型淡水网络、沼泽和森林生态系统的交界处。这样的水文网络对该地区的人类社区和野生动物提供了必要的生存条件。

　　陶氏化学至少面临以下三个与水相关的核心风险：临海岸线的资产处于飓风和风暴潮频繁发生的风险；生产常因缺水而中断的风险；海平面上升和盐水入侵的风险。这对陶氏化学的生产设备不利，可能还会给当地饮用水或农业带来影响。

　　陶氏化学和大自然保护协会将用于降低这些风险的基础设施分为两大类，并分别用灰色和绿色进行标记。比如，建筑防洪堤坝系统或为人类提供淡水的海水淡化厂都是被标记为灰色的基础设施。而绿色项目则是利用自然的过程，包括培植珊瑚礁来阻碍风暴冲击，通过沿岸土地的维护来净化水并保护内陆地区免受风

第181页

暴的侵袭等。

第182页

灰色和绿色项目现在的工作状态都很好。大自然保护协会的米歇尔·拉宾斯基（Michelle Lapinski）告诉我："尽管这取决于可用的沼泽地的多少，最便宜的选项——包括前期的资金开支和持续性的运营开支——是自然基础设施和一些堤坝的结合。"[8] 就像我们所发现的那样，自然为我们提供的许多服务往往更为高效。对自然资本进行保护往往比前期不进行保护、事后进行补救划算得多。

陶氏化学总是在计划拓展业务资本支出，它有模拟最大成本投入的方法，比如员工的工作时间和燃料。然而，缺乏自然资本中像水这样的数值就会造成盲点。陶氏化学的马克·威克(Mark Weick)是这样形容的："我们的梦想是为生态系统服务价值进行评估，就像我们为劳动力或者每桶布伦特原油进行估价一样。"[9]陶氏化学与大自然保护协会的伙伴关系就致力于估算出通过使用灰色和绿色的基础设施来提供一加仑的水所需的费用。这些计算将帮助威克实现他的梦想。

但这种伙伴关系真的是在用价值定义外部性吗？是，但也不是。一方面，大自然保护协会和陶氏化学在实打实地估算成本和效益，而这些是我们以前还没把握好的数字。所以这种伙伴关系非常好地将绿色基础设施提供的价值进行量化，也为管理自然资本提供了积极性。拉宾斯基说："企业只会考虑他们所在意的价值。他们越把自然看成一种资产，就越会努力保护和恢复它，就像他们会对任何一种商业资产进行运作一样。"[10]

　　但另一方面，对自然资本的投资为社会创造了更多的价值，而不仅仅是某一特定公司的直接价值。绿色基础设施投资为该区域的每个人降低了风暴风险，减少了碳的消耗，并保护了渔业和人们所看重的其他娱乐活动的价值。单是在弗里波特地区的正外部性对于陶氏化学及其员工所在的大社区而言，就价值1.5亿美元。但是，起码到目前为止，这些收益并没有在市场价值中得到体现，也尚未被包括在陶氏的商业决策中。

第183页

　　要了解一家公司如何试图在商业规划中将这些实实在在的外部性包含在内，让我们转向彪马这家运动服装公司。

自然资本作为企业的成本：彪马的环境利润损益表

　　对自然资本的日益重视在很大程度上都要归功于彪马运动服装公司前董事长和首席执行官乔辰·蔡特（Jochen Zeitz）。受到联合国生态系统和生物多样性经济学 (The Economics of Ecosystems and Biodiversity, TEEB) 研究工作的启发，蔡特先生着手估算彪马的自然投入以及彪马对自然产生的危害。

　　他请了两家咨询顾问公司，真实成本公司和普华永道，来帮助他制定出全新的环境利润损益表 (environmental profit-and-loss statement, EP & L)。这个想法听起来很简单：把彪马所有的自然资本投入和影响做一个货币估值。正如彪马公司的蔡特先生所说的，关键问题是："如果地球是个经营者，它会对它所提供服务的公司开出多少价格以维持经营？如果自然受到污染，地球应对给它造成污染损害的公司收取多少赔偿费？"[11] 换句话说，"我们所使用的每吨水的成本是多少？每公顷土地的价格是多少？每吨碳排放的价格是多少？"

要回答这些棘手的问题，彪马、真实成本公司和普华永道用现有的最佳科学方法对碳的社会价格进行估算。每吨碳排入大气都会通过污染、影响人类健康、由洪水造成的财产损失、气候变化、农业生产力下降等对社会产生一定的成本。各国政府在评估项目或法规时会估算碳的社会成本，从每吨几美元到100美元或更多。类似的计算结果可以帮助估计水（就像陶氏化学和大自然保护协会所估计的）、废弃物和其他环境影响的价格。

环境利润损益表显示，彪马将在自然资本上花费约1.5亿欧元，相当于其50%的利润。这其中，大约94%的成本实际上来自于上游的供应商。更令人惊叹的是，供应商所用的96%的水成本集中于供应链上游的四步，也就是农民在种植彪马最终用来制造衣服和鞋所用的棉花的时候。

彪马在实践中了解到了很多关于公司运作的艰难现实。尤其是公司应该如何管理这些在其直接掌控中的价值链问题。正如彪马公司的蔡特先生所告诉我的："当你知道这个问题是在别人的环境利润损益表上的时候，你就明白，要解决这些问题需要花钱了。"

大转变的标志：自然

巴西化妆品公司自然（Natura）要估算其供应链中自然资本的成本和影响。其"战略采购三底线"项目（Strategic Sourcing Triple Bottom Line Program）为这家"大转变"公司节省了一大笔真金白银，像碳、水和废物等的外部性因素的价格都被其计算在内。这些价格帮助自然公司决定哪些供应商可以提供最低的金融和环境成本。[12]

那么接下来需要什么呢？这个外部性估值游戏到现在时间还不算长，但彪马公司的蔡特先生认为需要通过投资创新和转变管理者的心态促使他们更多地考虑系统和价值链的问题。要做到这点需要我们"把它细化到功能性的层面"，如让产品设计人员获得更好的信息。在操作层面，它就意味着要比较 X 材料与 Y 材料之间价值链影响和成本的差异。环境利润损益表作为经营决策者们的一种工具，可以用来引导我们就环境、社会和财政成本等方面进行更广泛的讨论。

第185页

彪马的项目引出了一个很好的问题：为什么任何公司都应该这样做？外部性表面上看是外部的，看起来我们似乎也不必为自然支付什么，但这并不是非黑即白、那么绝对的。

为什么要这么做？

为什么要让你自己和你的企业花这么大的力气，把成本花在不能体现市场价值的方面？有格言是这样表达的：天上不会掉馅饼。但这不足以回答这个问题。既然大自然为我们提供了生存所需的一切，让我们暂时先把"保护自然资本对我们有益"这样宽泛的逻辑放在一边，也先别管自然之美与我们的灵感之间的联系。即使没有这些原因，给难以估值的东西标价也是有战略性逻辑的：

深入了解商业和热点。就彪马而言，这项工作很大程度上是在了解目前其所依赖且免费获得的资源是什么。一般情况下，数据将帮助我们把有限的资源用于作用最大的地方，以降低影响和风险。举例说，彪马想要降低因水资源短缺而造成的扰乱其经营能力的威胁。有了环境利润损益表，该公司可能就会确定，其最好的选择是降低对棉花的整体需求，或降低其在缺水地区对棉花的需求。

改进业务规划。正如陶氏化学的威克所言，该公司想要"明白做生意的真实成本是什么。我们在建一座化工厂时一定会估算劳动力和诸如原油这样的原材料的成本"。[13]

期望未来定价（和超越曲线）。陶氏化学的尼尔·霍金斯（Neil Hawkins）告诉我："对生态系统服务的管理和定价将成为经营企业和治理世界的关键。"威克补充道："得克萨斯州立法机构正在讨论，如果我们不能保证用水，我们可能难以吸引企业进入……所以也许就水征税不是那么遥不可及，即使是在（对税收很抵触的）得克萨斯州。"陶氏化学的高管相信将未来的成本视为当前的成本的做法是明智的，因为正如霍金斯所说，"早期采用者将占优势"。[14]

识别新风险。先把定价的事放在一边，一些自然的投入基本上黑白分明。你的工厂若没有水的供应，你就会无能为力。在关键的水域，像南非米勒这样的酿酒公司，与社区、农场、城市和其他企业一起，共同管理共享的资源。公司采取这种合作方式并不是因为它很容易，而是因为水的可获取性是个共同且严肃的商业连续性风险。

认清为自然资本定价的必要性，即使这样做很费钱。并不是所有能使经济和社会良性运转的做法都能适用生态效率和成本节约这样简单易懂的商业标准。彪马公司的蔡特先生告诉我："我们所谈的可持续性问题如果只符合最低要求，那就是在开自己的玩笑……其中一些需要资金投入。相信能不花钱就可以找到解决问题的办法的想法无异于痴人说梦。这就是为什么评估和测量是如此的重要。" [15]

第187页

了解大自然的投入，并为这些投入进行实际定价。我们唯一的另类"选择"是在所剩资源远不足所需之前将其好好梳理一遍。届时，建造灰色基础设施来代替绿色基础设施要么是极其昂贵，要么就是极其不可能。彪马公司的蔡特先生说，用生态系统的一个服务功能来举例，"如果你想要自己给农作物授粉，你当然可以这么做，但是成本将是巨大的"。

道义上的责任。当我直截了当地问蔡特先生他这么做的原因时，他说，"因为我关心未来"。《大转变》一书99%的内容集中在应对环境挑战的实际上，我们应该对下一代、对所有其他物种、甚至对自然本身负责。自我保护能够为"大转变"提供充足的弹药补充，但它并不总是表现为单纯的自我利益。

如何执行

要描述执行管理自然资本这样宽泛而困难的事情并不容易。但是我可以给出一些优先事项和行动方面的建议：

第188页

评估你对自然资本的依赖并确定热点地区。风险和机遇的评估需要拓展到你的供应商及客户。例如，他们是如何与大自然的投入互动的？哪些是能源密集型的供应商，会在能源价格不断上升的时候举步维艰？

用可用的工具确定风险和可能的价值。世界资源研究所开发的工具"水道"（Aqueduct）能够帮你绘制全球水资源可用性地图，这样你就可以对比自己的项目分布了（多年前可口可乐就对自己的项目进行过这项工作）。其他的组织，如全球环境管理倡导者组织和促进可持续发展世界商业理事会也提供了本地化的水查询工具。促进可持续发展世界商业理事会还开发了Eco4Biz工具箱，一个用不同的方法来测量和标注自然资本来源的工具。世界资源研究所的《公司生态服务评论》（Corporate Ecosystem Services Review）是一种"结构化的方法，用来帮助管理者积极开发策略以应对因依赖和影响生态系统而产生的业务风险与机遇"。[16]

理解并利用"REDD+"。名为"减少因森林砍伐和森林退化而产生的碳排放"（Reducing Emissions from Deforestation and Forest Degradation）的项目，或称"REDD+"，是最近全球气候谈判的具体举措之一。这个想法相对简单，但执行起来将颇具挑战性，因为砍伐树木的碳排放（不管是为农场、牲畜、矿产、基础设施或其他人类的用途）占全球碳排放总量的20%（超过所有汽车和卡车的排放量）。为什么不通过估算森林储碳服务的价值来让人们停止砍伐、保植护林呢？[17]目前，"REDD+"项目可以在碳排放交易市场进行自由交易，这一体系正逐渐走向正规化。

找到关键的同盟机构并加盟。有时候，同行压力是一件好第189页事。自然资本估值的势头正在崛起。彪马公司总裁蔡特降低了他在彪马的身份，与理查德·布兰森携手并进。两人成立了"B队"，一群希望改变资本主义的商业和公共部门的领导者，他们的一部分工作就是让更多的公司采用环境利润损益表。此外还可以提供参考的有生态系统和生物多样性经济学商业联盟、一个名为"财富核算和生态系统服务价值评估"（Wealth Accounting and the Valuation of Ecosystem Services）的伙伴关系以及自然资本估值倡议［Valuing Natural Capital Initiative，这是一个由企业生态论坛、生态系统和生物多样性经济学以及一系列世界上最大的公司——包括美国铝业、可口可乐、戴尔、迪士尼、陶氏化学、通用汽车公司、金佰利、万豪酒店（Marriott）、耐克公司、巴塔哥尼亚和施乐公司等——组成的联盟］。

同与你共享资源的个体合作。在每个设施周围，都会有需要你与之合作共同管理自然资本的社区、其他企业和地方政府。如果你担心水资源供应，那担心这个问题的肯定不止你一个。另外，也可以看看你供应链上的关键点。

听取专家和批评者对你的批评。大自然保护协会的特瑟克建议，要和全球性或地方性的环境非政府组织合作，他们对于自然资本和其中可能存在的利弊交易有很深的理解。与之分享你对自己的经营活动和依赖性的了解。

研究绿色基础设施，以取代或补充灰色的基础设施项目。扩大你视野范围内可以保护自己企业经营的选项。

第190页

了解并研究其他商界领袖管理有限资源的方式。举个例子，看看可口可乐、陶氏化学、彪马和南非米勒酿酒公司对共享资源方面的限制所做的管理和应对方式。

支持和游说增加对绿色基础设施的保护和发展。引领关于共享资源的讨论，或者独自承担更多的风险。

为你的努力投入足够的资源。在这一点上，听起来我像在说废话，但这是值得重复的。雇一个人或扩展一个人的职责来管理所有这些活动。这不是一件容易的工作，它需要专注和资源。

自然、生物多样性、自然资本、地球的馈赠——不管名称为何，这些都是类似的概念，远不止是我们参观国家公园时所看到的漂亮东西。自然资本为每一个人的努力提供了平台和基础。

自然和人类系统（尤其是市场）是地球上两个最强大的力量，但千万别搞错哪个是更强的。我们可以用自己的方式来保护自然资本，给无价之宝定个价格，并确保我们繁荣昌盛。

正如彪马公司的蔡特先生所说，一些更环保的选择在今天可能会花费更多，但那只是因为我们并没有将对每个人的外部性进行定价并计入其中。所以，真正的领导者应该开始为一些东西买单——比如让工人在更安全的工作环境里工作，能够节省能源、水和其他材料的产品——在市场为这些条件进行完整的定价之前。同时，这些企业的管理者必须要求一个公平的竞争环境的政策，以确保一个能够使所有人受益的定价。这就引出了"大转变"的第三部分，伙伴转变以及为此进行的游说。

伙伴转变

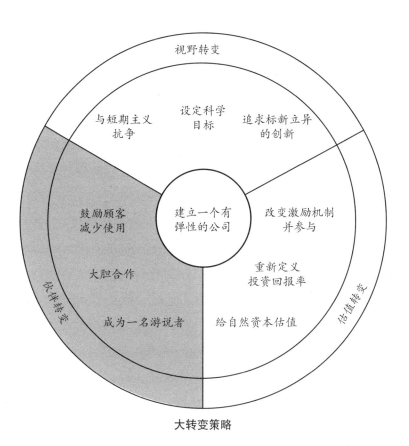

视野转变

设定科学
目标

与短期主义
抗争

追求标新立异
的创新

鼓励顾客
减少使用

建立一个有
弹性的公司

改变激励机制
并参与

大胆合作

重新定义
投资回报率

成为一名游说者

给自然资本估值

伙伴转变

估值转变

大转变策略

第十一章　成为一名游说者

首席执行官有没有可能并不了解他们的游说者在做什么呢？当你看到公司在公共场合处理诸如气候变化这些问题的方式和他们（以及他们所支持赞助的贸易协会）在这些问题上的立场和做法时，提出这样的问题也许并不奇怪。

一项"相关的科学家联盟"（Union of Concerned Scientists）的研究发现，28家大型上市企业（该研究称这些企业"都对气候变化表达了关切"）的公开言论和他们在言论背后的所作所为可谓南辕北辙。[1]对这种差别的最佳解释是，一只手并不知道另一只手在做些什么。说得直接一点就是，这些企业不太清楚自己在做些什么。

对此，我可以毫不避讳地说，这两种情况都存在。但不管是哪一种，都该停下来了。

左手，遇见右手

在一个更开放的世界里，想要说一套做一套是很难的。一位《财富》500强企业的高管告诉我："如果我们明确表达了公司的价值观，那么我们绝不会只在情况于自己有利的时候才这样做。我们必须在和政府打交道的时候保持言行一致。"

第194页

政治上的行动和游说行为对"大转变"战略的成功实施至关重要。其他九条反映公司自身行动的战略是远远不够的。我们可以设定高远的目标或者反复评估外部性的价值，但除非我们改变游戏规则，创造一个公平的竞争环境，限制碳排放或者给碳排放明码标价，否则我们在宏观的解决方法上的投资就会不足。

我们不能等着政府给"大转变"制定新的政策。在这一方面，美国的政府效率极低，因此私营部门必须率先行动起来。正如之前提到的那位《财富》500强企业的高管所说："目前（关于这个问题）的争论两极化很严重，是企业停止袖手旁观、开始采取行动帮助推动这项工作进展的时候了。"

联合利华的首席执行官保罗·鲍尔曼也曾像往常一样呼吁商业游说作出改变："那些在暗地里跟政客们窃窃私语的企业……正是那些反对在气候变化问题上大刀阔斧的人。这种策略早已经不管用了。"他提倡一种公营和私营部门之间更为良性的互动方式，"很多企业开始意识到，他们可以进入内部，影响决策，为他们公司的未来早做预防。"[2]

我希望鲍尔曼是对的。但如果公司不采取常规的、更具防御性的方式与政府周旋对抗，他们应该怎么做呢？本章按照重要程度，依次讨论了五项企业应当游说的关键政策以及其他一些因行业和地区而有所差异的想法。这并不是一个政府所应做事项的清单，但它却是着眼于私营部门应该重点推进的内容。诚然，由于其中一些政策已经在其他地方实施了，这个清单主要是针对美国的。总体而言，这些政策将极大改变能源经济和商业投资的结构，使其转向清洁能源，让企业最有效地利用市场和竞争的力量。

碳标价

第195页

以下是经济学家哥诺特·瓦格纳（Gernot Wagner）对于碳排放外部性问题颇为精妙的解释："每一次我飞跃美国或飞跃大西洋到达欧洲，都会向大气中排放一吨的二氧化碳……我造成了至少20美元的破坏，而全球70亿的人在为此买单，我将好处私有化，却将成本社会化了！"[3]

我们需要将这些影响以某种方式明码标价。其中一种方式是制定一项限定碳排放和允许碳排放额度贸易的政策，该政策将对碳排放（总量）作出限制，并允许公司、行业和国家间根据项目的不同进行碳排放额的交易。目前，欧盟、美国加利福尼亚州和东北部的一些州、中国的部分地区已有此类的政策。

尽管"限制和交易"这样以市场为基础的体系具有优势，但征收碳排放税将是一个更好的选择。各个学派的经济学家都一致认为这是最干净、最有效的方法。来自美国保守派智库美国企业研究院（American Enterprise Institute）的阿帕纳·马瑟（Aparna Mathur）曾经说："我认为，不论是左派还是右派，大多数经济学家都认为征收碳排放税是个好办法。"另一位具有代表性的保守派经济学家N. 乔戈瑞·曼昆（N. Gregory Mankiw）（曾为小布什总统和民主党总统候选人约翰·麦凯恩的顾问）也曾反复呼吁对碳排放"收费"，用"经济学术语来说……这将让人们把'外部性'内化"。[4]

但谁对税收没点天生的反感呢？在经济文化的争论中，"税收"就是反资本主义。但是碳税不一样，它并非反对市场。相反，正是因为缺乏对碳排放的定价才导致了市场机制的失能。

另一个使经济学家们达成普遍共识的原因是：征收碳税能够增加政府收入，削减财政赤字。美国国会预算办公室（The US Congress Budget Office）估计，只要对碳"稍稍"征税，当税基逐渐扩张以后，在十年里就能产生1.2万亿美元的收入，将赤字减半。[5] 已经将这一想法付诸行动的国家在减少碳排放的同时并没有牺牲经济的增长。瑞典、丹麦和荷兰早在20世纪90年代初期就开始以个人为单位征收碳税，瑞典在与美国同等的财富水平上，所产生的二氧化碳大约只有后者的1/3。[6]

最近开始征收碳税的是受到2008年金融危机沉重打击的爱尔兰。《纽约时报》报道称碳税"在帮助减轻爱尔兰高得吓人的赤字上起到关键作用"。2011年，爱尔兰的碳排放量减少了7%，但其经济却在复苏之中有所增长。中国一直在试验区域性的碳排放总量管制和排放交易的计划，并宣布打算征收碳税。[7]

这是最基本的经济学。人类需要价格信号，一个东西如果价格为零，那么就等于告诉我们，在使用时无需考虑后果，就像呼吸的空气一样。但要把这件事情做好，我们需要在保持税收总量不变的情况下调整税收项目的比例，把我们想要减少的东西的价格提高，比如碳；而把我们想要增加的东西的税收等额减少，比如收入。

美国前国务卿乔治·舒尔茨（George Shultz）曾经说："我们应该让各类能源都加上这些成本，对污染（如碳）征税就是这么做的一个好方法。在维持政府收入不变的基础上这样做很有益处，因为这不会在财政方面拖后腿。"[8]

停止化石燃料补贴

国际货币基金组织（IMF）曾呼吁叫停能源（大多为化石燃料）补贴，并估计这些补贴造成市场扭曲的全球价值达1.9万亿美元，相当于所有政府收入的8%或者全球GDP的2.5%。在100年前，支持化石燃料的逻辑可能还说得通。但在今天，这些化石燃料公司真的不需要补助了——在21世纪的前10年里，世界上前五大石油巨头的净收入加起来有近1万亿美元。[9]

但对于可再生能源的补贴是否有必要？理论上，这会让竞争更为公平。由于补贴化石燃料和可再生能源的做法并不是最有效的，一些人呼吁叫停所有的能源补贴。持这种观点的人包括我的好友、创新性的太阳能安装公司太阳能艾迪逊（SunEdison）的创始人吉佳·沙（Jigar Shah）。他的理由很在理：公平的产品竞争会释放出闲置资本——他认为有十万亿美元——因为投资者不喜欢那些依赖政府补贴的企业所具有的不确定性。[10]

我佩服沙的勇气以及他对太阳能会在经济竞争中战胜传统能源的信心，我也认为资金流十分重要，但对清洁能源进行一段时间的补贴也是有很强的经济学逻辑做支撑的。正如经济学家瓦格纳所言："'气候变化'的负外部性让征收碳税变得合理，同理，'从做中学'（或规模经济）的正外部性也使得对可再生能源进行补贴成为必要。这种资金上的支持力度应该在一开始时强劲，然后马上减弱。"[11]

尽管市场的调整手段对化石燃料是有利的，但可再生能源价格也在迅速降低，比化石燃料更加便宜。我还是会反复对气候问题

第197页

进行数学和物理上的计算。既然我们已知可以减少碳排放的时间有限——在基础设施建设的概念里，几十年都只是弹指一瞬——那么加快从非清洁能源向清洁能源转变的想法就会站得住脚。当你考虑到外部性的时候，这样的选择就更有道理了——因为对某一种能源来说，其外部性为负，而对另一种能源而言，其外部性基本上为零或为正。

第198页

回到之前的话题，这全都是价格信号的作用。联合利华的首席执行官鲍尔曼曾说过："我们一直都很清楚，如果不对碳和水资源的外部性进行合理的定价，不停止对这些资源生产以及低效使用的不合理补贴，那么想要说服消费者们改变他们的行为就如痴人说梦、天方夜谭。"[12]

可是征收碳税和停止化石燃料补贴是否会使能源价格在中期或短期内上升呢？也许会，但能源效率的提升可以轻易抵消掉价格的上涨。打个比方，如果汽油的价格上涨了一倍，但汽车的每千米油耗减半，那你所承担的成本其实并没有改变。在现实生活中，如果我们想要一个更加安全的能源系统（比如一个不会导致气候变化的），那么一些额外的成本其实是在所难免的。再打一个比方，一种有严重致病性的食物，我们会仅仅因为它价格更加便宜就接受它吗？

在清洁经济领域的公私投资

2010年，谷歌公司宣布将投资2000万美元在大西洋沿岸建设一条长达350英里的传输线，用于帮助发展海上风力发电。[13] 尽管这听起来很不错，谷歌也很可能从中盈利，但从社会的角度看，这一做法很荒谬。我们绝大多数的企业领导者们都心知肚明，光靠私营部门是无法建立一个我们所需要的现代清洁经济的。

美国的能源创新委员会（The American Energy Innovation Council）成员都是赫赫有名的人——包括比尔·盖茨（Bill Gates），通用电气的杰夫·伊梅尔特（Jeff Immelt），施乐公司的乌苏拉·伯恩斯（Ursula Burns）以及查得·郝勒迪（Chad Holliday，杜邦集团前任首席执行官和美国银行的现任主席）等。该委员会致力于推进美国在能源领域的领导地位，并就美国的能源政策现状作了一个评价："美国的能源系统有很大的不足，对我们的经济、国家安全和环境造成了严重的伤害。我们一定要在更清洁高效的科技上多下苦功……包括大力的公共投资和政策改革，来将这些科学技术大规模部署起来。"[14]

第199页

该委员会还说，我们需要的是一个"和"的解决方式，而不是错误的"或"的选择。

经济学家杰弗里·萨克斯（Jeffrey Sachs）很好地描述了公私逻辑："一个明确的、部分由政府出资支持的联邦清洁经济项目，会让数百亿的私人投资纷至沓来。"[15]

但这不仅是对特定项目的投资。我们还需要对能源（尤其是储能）、水科技、绿色化学和可持续性材料进行基础性研究。那么谁来做大规模的基础性研究呢？公司都面临着削减"非必要性"科研开支的压力。

美国对于这种事情已经是轻车熟路了。正如萨克斯所说："美国政府在长期公私合作投资项目上有着良好的记录。联邦政府帮助支持和引领了电脑时代、人类基因组计划、联邦高速公路系统、全球定位系统（GPS）革命、全球抗击艾滋病，当然，还有太空项目。"[16] 因此，企业应该鼓励对新清洁经济解决方案进行公私合营的投资手段。

许多人对于政府投资的一大担忧是，政府不应该选择胜者。从一方面来说，这个说法有点傻。我们一直都在选择胜者，而且相较于有负外部性的选择，我更愿意选择那些有正外部性的。但真正解决这一顾虑的方法是广泛的投资，并把绩效或者结果的标准设得很高，而不是投资具体的科技。这个话题可以引申到下一个公司应该极力游说的政策。

第200页

更好的"清洁"产品和更高的生产标准

不久前，我和一个大科技公司的政府关系负责人一起参加一个会议。席间他笑道："你们知道吗，我们生产的产品是市场上能源效率最高的……我真的应该游说政府让他们提高能源效率的标准。"这是当然的了。

如果你的产品能在清洁经济上大有作为，不管是能降低能源的使用量还是使用绿色化学材料来减少有毒物质的排放，那你就已经在市场竞争中大幅领先了。为什么不把所有人的标准都抬高呢？如果生产更为清洁的产品成本更高，那么提高行业标准会让这个市场竞争对你更有利。不管怎么样，你都会让你的竞争者不那么好过（请参见专栏"转变的标志：远大空调"）。

从另一个角度来说，有一些东西是公司不应该进行竞争的，比如劳工条件。在这些案例中，为整个行业的整体利益而游说更高的标准是有道理的。比如，当供应链中某一环关于工人工作条件的丑闻被曝出时，所有的科技公司都会深受其害。或者，当曝出有毒、废弃的电子零部件被囤积在发展中国家的某个角落时，没有电脑公司会是赢家。

更高的效能标准会带来一个巨大的好处：它们会激发创新，让公司在全球内保持竞争力。当布什总统签署批准了2008年提高新灯泡标准的能源法案后，LED产业迅速发展。而且有趣的是，飞利浦公司研究开发出了一种符合新标准的新型荧光灯。该公司的这项技术已经近100年没有进展了，而新技术比原来节能30%。[17]

转变的标志：远大空调

第201页

远大空调（Broad Air），一个行业领先的吸附式制冷系统、一家更为高效的中央空调系统的生产商，推动中国政府设定更高的能源效率标准。更严格的效率标准是否能让远大及其身价上亿的董事长张跃获益呢？回答是肯定的。但张跃必须因此着眼于更远大的目标："我把企业的关注点朝减排的方向进行转变。我接受了气候变化的挑战。"有意思的是，张跃也在身体力行"减排"，夏天，他把办公室的空调温度调到了81℉（约27.2℃）。[18]

透明度

在2012年和2013年的投票中，美国两个州的选民以微弱的优势否决了两项十分类似的提案——加利福尼亚州的37号提案和华盛顿州的522号提案本想要求食品公司把包含转基因成分的产品在包装上注明。尽管表面上，这些提案的表决是科学和健康的，但真正争执不下的点是透明度。企业——几乎是所有的大型食品和农业企业——都反对这一法案，这让他们站在了历史的对立面。

如果企业认为37号提案的否决能够抵挡提高透明度的浪潮，那他们可要大失所望了。反对公开透明对于这些大品牌可不是一件好事。这些公司反抗得越强烈，消费者们就越容易感到好奇，不管其中的技术如何："如果转基因食品是安全的，他们为什么不让我们知道呢？"

第202页

提案没能通过只是暂时的。大数据和透明化的力量是一股无休止的浪潮。即使现在的法律不要求信息公开，也会有其他方式，如生活购物导航网这样的公司，随时在移动设备上提供产品信息。也许在包装上标明成分以提高信息透明度的方式会有法律上的顾虑，但是信息还是会以某种方式流出。所以公司不应该扮演那位在传说中用手指堵住堤坝小孔的荷兰小男孩，而是应该更积极主动地推动变革。那些有着更优质内容的公司将以更高的透明度取胜。

另外的想法

至于其他话题，值得游说的关键问题主要取决于行业、政府对话的级别以及其他因素。要罗列的问题太多，以下仅是一些需要支持的类别：

权钱分离。要想让政客们支持长期投资像清洁经济这样的新行业，尤其是既得利益者们把钱袋子管得这么紧的时候，是一件非常困难的事。要想这样做很可能需要美国修宪。

增加绿色基础设施的保护和建设。在这些措施中，改变美国农场法案中的优先事项将是其中之一。

可更新的组合标准。目前76个国家、州和省（这个范围还在快速扩大）规定，它们一定比例的电力必须来自可再生能源发电。[19] 随着电力系统变得更加清洁，这些法律能够帮助公司达到自己价值链上碳排放目标，而且通过市场需求和规模，可再生能源的成本也能得到降低。

第203页

有关化学物质和化学反应更深层的研究。如果公司——尤其是美国公司——不想接受欧洲化学品法律的那一套预防性原则，那么他们就应该与本国的政府共同研究，加快绿色化学运动的步伐。他们应该在被法律强制之前研发出替代品。这些公司也可以对他们的供应商提出高标准的要求（可参见专栏"事实管制"）。

反垄断规则的例外。一些善意的法律可能会阻碍公司通过跨行业和跨竞争边界的合作来共同解决巨大挑战（第十二章的关注点）。

支持新的宏观标准。我们需要一个比"国内生产总值"更好的工具来衡量国家福利状态。比如，不丹发展出了"国民幸福总值"的指标，经济学家约瑟夫·斯蒂格利茨（Joseph Stiglitz）研究这个问题已有多年。"取代GDP"的新成员有可持续与繁荣联盟和迈克尔·波特提出的社会进步指数。探索，并帮助政府发展和支持这些新的衡量标准。

支持新的微观会计和标准。推动披露材料风险的法律在诸如气候变化这样的重大新问题面前显得更加困难。改革将发生在美国证券交易委员会和财务会计标准委员会这样的会计标准制定团体里［我将在第十四章着重讨论由可持续会计标准委员会（Sustainability Accounting Standards Board）领导的将对话转移到"物质化"问题上的努力］。大公司，尤其是会计业务巨头们，可以帮助这些标准制定机构开发更好的工具来衡量自然资本和在新兴危险方面发挥积极作用。

事实管制

在一个会议上，我和美国前议员、美国化学委员会主席加尔·杜利（Cal Dooley）一同担任发言嘉宾。杜利毫不避讳地谈到企业消费者们是如何减少供应链中的毒性物质的："沃尔玛和塔吉特公司（Target）是事实上的监管者。"这和我常用的语汇不谋而合，这也是一个真实存在并且越来越明显的现象。杜利的话有一部分指的是沃尔玛对其上架玩具的铅含量进行规定一事。沃尔玛的标准比美国政府还要严格85%。2013年9月，沃尔玛又一次验证了杜利的观点：明确规定了10种化学物质的含量，要求对这些化学物质的危险性进行更为透明的公布，以向消费者提供更为安全的选择。[20]

如果以国家的经济体量来算，与沃尔玛的利润值所相当的国内生产总值可以排到全球第27位（在奥地利之上）。因此，沃尔玛所设定的标准可以为市场设定走向并推动关键议题的进程。当这个零售业巨头对其供应商设立了2000万吨的碳减排目标时，人们就会关注到这个问题。无独有偶，2013年10月，科技巨头惠普公司向其供应商提出了在2020年之前相较于2010年的碳排放水平降低20%的目标。[21]

这种（由行业巨头设定规则的）事变得越来越常见。比如，为什么不能让代表数万亿美元利润的消费品论坛的成员们效仿政府，对供应商制定可再生能源使用标准呢？

公司行动的实例

第205页

虽然并不常见，但公司有时确实也会为更为严格的规则游说以寻求更为有竞争力的优势。最著名的例子莫过于杜邦集团20世纪80年代后期力推对破坏臭氧层的化学物质进行更严格管制的游说。在杜邦自己研发出可获利的替代物后，该公司转变了方向，开始卖力游说建立全球一致通过的《蒙特利尔协议》，逐步废除使用氟氯碳化物（CFCs）。

更近一点的例子是工业巨头3M公司推广Novec生产线，为灭火化学物质提供更具可持续性的选项。这些产品可以用于保护诸如控制中心、数据中心和其他不能用水的地方免受火灾的侵扰。3M的这些不燃性新材料不会破坏臭氧层，而且会大大降低对气候的影响。用科技的语言来说，相比于其他产品，他们的全球变暖潜力值（GWP）为1，而其他产品的全球变暖潜力值最高可达7000。

3M的客户已经在寻求更加绿色的产品了，但3M希望推动市场更快发展。何夫·金德尔（Herve Gindre），3M的总经理，把公司的巧妙方法称为"环境主张"（我称为"游说"），并补充道："我们已经集中资源把规则和市场朝着对环境有益的正确方向推动了。"[22]

这些都是有力的例子。但有些公司在一些更宏大的目标上卖力游说，比如获得政府对可再生能源的持续支持。星巴克、本杰瑞、强生、美国职业篮球协会的波特兰开拓者队以及一批其他的组织一起游说国会，继续保留风能发电的税收优惠。在低一级的立法机构里，易趣游说犹他州议会允许其直接向风能发电厂（而非火力发电厂）为他的一个大型新数据中心购买电力，以纯粹商业的名义推动其企业发展。非政府组织环境责任经济联盟的创始人明迪·卢波在《福布斯》杂志中写道，易趣和其他公司"不需要说服犹他州政府……一个法律上的改变可以保护环境并减少温室气体排放。他们只需要说明，提供可再生能源为犹他州能带来新的经济增长和就业，那就足够了"。[23]

这些领导者的逻辑很清楚：有了政府的支持，他们在清洁能源方面的投资将很快收回成本。公司可以努力让短期投资收益增加，但是他们需要合作。

集体行动

在一些有意思的值得迅速回顾的案例里，各领域的公司团体一起要求政府行动，大型非政府组织几乎总是起到协调的作用。这样的团体将代表未来绿色游说的趋势。

美国气候行动伙伴关系

美国气候行动伙伴关系（The US Climate Action Partnership）成立于2007年，凝聚了众多关键的非政府组织——如环境保护基金、皮尤、自然资源保护协会和大自然保护协会以及陶氏化学、杜克能源公司、杜邦集团、强生、通用电气、NRG能源、百事集团、壳牌、西门子等其他诸多企业。这个团体公开支持能够"减缓、停止、减少排放"的政策。但是该组织在2010年的时候失败了，原因是国会没有通过气候法案。但这一伙伴关系是企业和非政府组织合作推动环保法案的绝佳例子，很可能促成更多、更有效的团体的形成。

环境责任经济联盟

环境责任经济联盟成立了创新气候和能源政策企业（BICEP），由耐克牵头。创新气候和能源政策企业正在发展壮大，得到越来越多的关注，并且呼吁更具体、更强硬的政策，包括以上提到的五个关键的政策。耐克的执行官汉娜·琼斯描述该组织形成于一个艰难时期，彼时美国的气候法案刚被否决，是一个非常需要平衡"媒体上关于所有的企业都痛恨气候行动的形象"的艰难时刻。[24]

2013年，该组织发表了以下联合声明："应对气候变化是美国

21世纪最好的经济机会之一。"这一联合声明谁都可以签署。越来越多的企业领导者在这份《气候宣言》上签了字，其中包括雅芳、帝亚吉欧、易趣、易安信、盖璞（Gap）、通用汽车、宜家、因特尔公司、仲量联行、微软、雀巢、耐克、欧文斯科宁、巴塔哥尼亚、星巴克、瑞再企商保险、添柏岚和联合利华。

威尔士亲王企业领导人组织

还有其他的组织在为全球范围内的行动奔走呼号。威尔士亲王企业领导人组织起草了一份"2℃挑战公约"。这是一份向世界所有政府的声明，由40个国家的400家最大企业的领导者们签署。该文件呼吁各国政府通过相关的法案以控制二氧化碳的排放，把全球气候变暖控制在2℃的范围内，"以保证一个低碳排放的，更为坚韧、更为高效、更能应对全球性冲击的经济"。这个组织之后还增加了一个更为具体的成果——《碳价格公约》。[25]

这些团体和其他小的游说联盟也许需要联手来制造一些真正的影响。正如耐克的琼斯所说："我们需要更多联盟的联盟，一个更大的集合各种不同声音来为同一事业共同发声的联盟。"[26]

她离所希望的也许并不遥远了。在目前挑战的规模下，首席执行官们开始意识到，他们需要政府的行动。2013年，管理咨询公司埃森哲为联合国全球契约所做的一项针对全球1000名首席执行官的调查，结果令人大开眼界。大部分的人（83%）认为政府在鼓励私营部门推动可持续性方面扮演了重要的角色，55%的人呼吁政府动用规则和标准（如汽车燃料效率）这样的手段，43%的人认为补贴和鼓励会有用，而31%想要"通过税收进行干预"。[27]

对的，有1/3的国际巨头的首席执行官们说："向我们征税吧！"

如何执行

要列一个执行清单并非易事，但在与这么多人谈过改变游说文化的障碍后，我会就几个大的主题提出建议。先做一些内部的清洁工作很重要——这指的是，弄清楚你所支持的问题和政策，然后设计一个更为积极的游说策略。

收集游说数据。首先明确你要在华盛顿、布鲁塞尔以及州和地区政府首府那里花多少钱以及花在哪些问题上。

盘点贸易协会。哪些组织是适合你的？你要在这些组织上花多少钱，而这些组织又都在游说些什么？这些组织的议程是帮助还是会阻拦你的游说目标？如果你是一个小公司，那么协会将是你唯一的发声渠道。

就整体目标与游说做一个"匹配程度"的测试。你或你的 [第209页] 贸易协会是否在反对一些能帮助你的业务部门或产品规则？你是否能比你的竞争对手生产更节能高效的产品，却反对政府抬高能源标准，认为这是对你企业的"侵犯"？标准严格化是颇具战略性和前瞻性的，但这并不是政府关系的工作职责，所以把它变成工作的一部分吧。

重新评估游说者的角色。正如耐克的琼斯所说："许多政府事务功能都集中在防范和缩小监管规则的影响上。这不是做一个评判，这往往是让一个人善于处理政府事务的关键。"[28] 这个应对政府的方式应该有所改变。重新调整公司中的公共政策办公室的职责不是一件容易的事，但请试着将政府关系转向合作和积极游说，朝着更有利于你的公司和行业的方向转变。

在公开场合，要和与你立场不一致的贸易协会保持距离。大胆一点说，一些非常有影响力的行动者，包括美国商会和全国制造商协会，都不遗余力地打击气候相关的政策。他们其实只能代表很小一部分的人。在美国商会强烈反对了气候行动后，可口可乐发表了一封信，声明美国商会的意见并不能代表可口可乐。我希望能看到更多的公司从美国商会以及其他在气候问题上持落后观点的组织里退出。苹果和耐克在2009年已经这样做了（耐克并没有完全退出，但退出了其理事会）。[29]

找到潜在的合作伙伴，加入或者支持已有的团体。签署公约，加入创新气候和能源政策企业（或者在宣言上签字），并一起为之努力。这些声音必须要大、要响亮、要一致。

在地区和地方层面参与进来。如果你在州和城市政府里有关系，那就要以较小的规模完成以上所有步骤。我不止一次地听说那些想在气候政策上有所作为的公司在与地方政府的对话中往往能比在与国家或州政府的对话中走得更远。

有了足够多领导者采取行动，我们就可以改变对绿色政策一

第210页

贯不被接受的态度。正如哈佛商学院的教授瑞贝卡·亨德尔森所说:"游说反对其中一些改革必须是非法的。把孩子们捆绑于纺织机前是不对的,同样,我们也不应该接受反对碳管制的游说行为。"[30]

　　总而言之,企业与政府之间的关系必须改变。企业应该把政府——我们集体意志的代表——当做一个伙伴,而不是敌人,应该在"一个主旨下进行合作"。这就把我们引向了第十二章,讨论一个更宏大的想法:为寻求更深层的改变而进行开放合作。

第十二章　大胆合作

　　一个朋友曾经问我："我使用绿色清洁产品或者开混合动力车真的有用吗？"我以一贯的方式回答："你是这个世界上70亿人口之一，所以实际上是没用的……但是，当然还是有用的。"

数字的力量

　　我们做的每一件事加起来就会形成整体效应，所以每一件小事都至关重要。这奇怪的"有影响"与"无影响"的二分性一言难尽，在全球性挑战面前，我们感觉自己很渺小。但是令人吃惊的是，大如国家的企业也在问相同的问题：我们的所做所为真的有用吗？我们是否真的可以以一己之力产生影响呢？即使一家规模如沃尔玛，单在美国的销售业绩就接近于美国国内生产总值2%的公司，也不能做到单凭一己之力，把它所想改变的东西——从太阳能的价格到当地食品的供应——变得更可持续。

　　这些大挑战就是那么的"巨大"。有一点是很清楚的：没有一个个人，一个组织，或者一个国家可以单独解决这些问题。我们是一个命运共同体。这并不是一个号召，通过实际性的观察，我们确实需要彼此合作。正如咨询师艾瑞克·洛维特（Eric Lowitt）在《合作经济》（The Collaboration Economy）一书中所指出的："简而言之，共同的问题需要共同制定和一致同意的解决方案。"[1]

共同合作挑战了我们正常的激烈竞争的模式。但是领先的大公司们已经意识到这个问题过于庞大，因此也开始学习和政府、社区，和他们的供应商以及顾客，甚至和他们的老对手进行合作。

在这一章中，我们将回顾几个这些新型合作的例子，同时也思考一个重要的问题：什么是可以放心进行合作的部分？或者说，真正的竞争点在哪里？

可持续发展联盟：与价值链合作

可持续发展联盟是一个不同寻常的组织。这个组织主要由沃尔玛出资成立，由80家世界上最大的零售商组成。消费品公司有可口可乐、高乐氏、高露洁、宝洁公司、百事可乐和联合利华；供应商包括化学产品巨头陶氏化学、杜邦和巴斯夫；还有其他重要的非政府组织和学术伙伴。

广泛地说，可持续发展联盟的目标是通过更好地收集消费品的寿命周期影响（包括社会和环境）数据来减少全球消费的影响，之后（这是关键部分）将这个信息交到购买者手中。使用可持续发展联盟提供的碳足迹数据，零售商可以决定自己所销售的商品。当可持续发展联盟刚刚成立的时候，有报道说这个组织将为消费者作出更好的选择提供信息。但是现在，这完全是一个企业对企业的努力。

第212页

第213页

可持续发展联盟的首席执行官卡拉·赫斯特（Kara Hurst）说，这个组织为几百个种类的商品（从牛奶到塑料玩具）提供四种手段[2]：

- 一个"大型的信息卷宗"——从学术期刊和其他科学来源获取的数据。
- 一个强调价值链上的热点的策略总结性文件，突出影响力最大的点，并列明可以进步提升的机会。
- 为每一个种类提供一系列关键的表现评估指数。
- 一个由可持续发展联盟成员和软件开发商思爱普搭建的数据平台，允许产品生产商回答一系列的问题，而这些零售商可以获取这些信息来帮助他们自己作出选择和决策。

其中的第二种手段至关重要。找出热点能够帮助价值链上的企业一起有效减少影响。记住，我们应该以数据为依据和方向，但不应该痴迷于此。理想的是，整个合作意味着我们在大的问题上集中精力，然后把最能够影响变革的公司聚集到一起。

另一个价值链合作的典范实际上是在可持续发展联盟之前。可持续服装联盟（The Apparel Coalition）把整个制衣价值链，从生产者到零售商，都聚集到了一起。这个组织利用从耐克和户外产业联盟获取的数据以及它自己开发的数据，为供应商在能源、水、有毒物质和其他足迹问题上的表现做了评估。通过这个联盟，大型的制衣企业可以通过分享数据和工具来设计更为清洁和绿色的产品，同

第214页

时也能帮助他们确定最佳的供应商合作伙伴。

所有的这些努力产生了一个涟漪效应，使得长长的价值链上的数据和最佳实践得到了聚敛。这要求天然的竞争者们搁置不同，为共同的解决方案而合作，即使是商业界里最大的竞争者也可以这样做。

自动贩卖机：与竞争者——甚至死对头——合作

想想公司史上最大最激烈的竞争，是波音对空客吗？还是盖茨对乔布斯？IBM对惠普？《财富》杂志列出了一个前50的竞争对手排名，可口可乐和百事可乐名列第一。[3] 因此，看到这两个死对头在重大环境和社会议题上合作是多么奇怪的事啊！尤其是在一个领域，制冷剂上，可口可乐和百事已经合作多年。

大多数超市的冰箱和自动贩卖机使用的是氢氟碳化物（HFCs），这是氯氟碳化物的替代物，后者会破坏地球的臭氧层。但是氢氟碳化物是效力强大的温室气体，比二氧化碳要猛烈数千倍。1吨最常用的氢氟碳化物在进入大气20年后所造成的温室效应相当于4000吨二氧化碳所造成的温室效应。[4]

这可不是小问题。单单可口可乐一家公司在全世界就有超过1200万的贩卖机和制冷机。造物弄人，似乎氢氟碳化物的最佳替代品成了二氧化碳。二氧化碳是一种良好且安全的制冷剂。在制冷界，二氧化碳现在反而似乎成了一个好的产品。

但想要将整个制冷剂和制冷系统产业引向新的技术转变既非易事且价格不菲。要把事情进行大规模推广永远都是一种挑战——在

第215页

清洁科技投资领域，这通常被叫做"死亡谷"。可口可乐执行官杰夫·斯布莱特（Jeff Seabright）说，十年前二氧化碳制冷剂的价格大概是氢氟碳化物的两倍[5]，但随时间的推移，就像任何新科技的投资一样，单位成本会逐渐下降。

可口可乐公司已经和众多竞争者展开了合作，其中包括百事。这些公司和绿色和平组织以及强大的业内关系网，消费品论坛，一道协同举办了一场名为"自然制冷剂"的峰会。这些组织真正帮助了这一事业进一步向前推进。

今天，正是有了如此高层次的支持，可口可乐已经承诺从一个用二氧化碳制冷剂制造压缩制冷部件的新工厂采购制冷剂，并为这种环保替代品支付了一笔小额（比例为个位数）的溢价费。正如早先提过的，英国帝欧吉亚购买垃圾填埋所产生的沼气一样，领导力有时就意味着得到高层支持且多支付一些钱。

这些努力并不只是出于可口可乐的环保意识。消费者们也在要求这样的改变。英国的连锁超市乐购在其所有的新分店中只采用无氢氟碳化物的系统。其他零售商，包括美国的超市，自然也就跟着"步了后尘"。

领导力和合作还是很重要的。即使有顾客的压力，如果可口可乐不知道百事以及其他的同业者也在朝同样的方向一起努力，可口可乐也不会把这些事情推动到如此地步。这种小心探索新科技的合作伙伴关系给了供应商们足够的信心，相信这些新探索会有市场。"大转变"意味着要与敌人在重大问题上止战休兵（详见专栏"反托拉斯与'前竞争性'"）。

反托拉斯与"前竞争性"

第216页

　　在我与企业谈到合作的努力时，许多领导者问了一个相同的问题：一致的行动难道不会让政府、供应商或者顾客有对于垄断的担忧甚至因此招来官司吗？这也许跟你所合作的内容有关。但清楚的是，可口可乐和百事可乐不能交换关于自动贩卖机和制冷剂具体需求量的信息，它们也不想去讨论。它们的合作必须停留在安全范围内讨论科技。因为所要解决的问题会影响到产业链里所有的人，因此一个好主意是，要解决很多大问题需要的是"预竞争性"的合作。

　　这无疑是个棘手的问题。但是公司会在行业论坛、贸易联盟的会议以及其他场合经常碰面，在活动开始之前会读一些非共谋语言的样本文件。他们有时会要求政府给予反托拉斯的豁免，这样他们才能展开合作。我认为公司可以用这样的方式处理一些大的问题。

真正的竞争点是什么？绿色交换的故事

　　大概五年前，耐克、百思买、雅虎以及其他一些公司成立了一个新的组织，绿色交换（GreenXchange）。该组织的成员可以共享能够减少能源、用水、毒性等环保的新生产方法的专利。比如，耐克开发出了一种能降低生产成本并将毒性气体排放减少96%的"绿色橡胶"。耐克将这种技术公开分享，加拿大零售商登山设备合作社（Mountain Equipment Co-op）注册并使用了这一技术。

　　但分享清洁科技的做法与绿色环保创造竞争优势的想法是背

第217页

道而驰的吗？是，也不是。当然，分享专利的做法并不常见，但分享绿色橡胶技术的做法是否会有损耐克的竞争性呢？当我问耐克的高管为什么这样做时，两种非常有意思的观点出现了：当企业发现像绿色橡胶一样的更好的技术时，它的雇员和大股东们希望企业做好事，把消息传开；有一些种类的创新，公司是不会进行分享的。

一名高管曾经在某个会议上公开表示，理想的鞋子将是用某种单一材料生产出来，这种材料能大大降低鞋子生命周期的影响，让回收变得非常容易（几年以后，正如我之前所提到的，耐克确实也生产出了创造性的Flyknit鞋）。任何新的让鞋的碳足迹更小的外形和设计都将归耐克所有，而这才是真正优势的来源。简而言之，耐克是在设计和运动的功能性上与同业者进行竞争，而不是在橡胶生产上。

以下是几个不同行业进行安全的"前竞争性合作"的例子[6]：

• 可口可乐和百事可乐在口味和品牌打造上进行竞争，而不是在贩卖机的内部运行机制上。

• 半导体生产商在芯片设计和处理器速度上进行竞争，而非在生产过程中的用水和有毒物质的使用上。

• 服装公司在设计和成本上进行竞争，而非在供应链中棉花的水足迹或者工厂里劳动者的工作条件上进行竞争。

• 戴姆勒、福特和雷诺·日产正在共同开发燃料电池汽车，分担一项昂贵的新科技的开发成本，而不是直接竞争（起码不是现在）。

·23家全球性的服务业公司在制定统一的碳足迹衡量标准上进行合作。

·物流快递公司联合包裹服务和美国邮政服务（USPS）分享碳数据信息来帮助跟踪它们的排放量。这些邮递公司的竞争点在包裹运送的速度和成本上，而不是在温室气体排放上。

这些细微的差别很难准确把握。一些领域可能会随着时间的推移变成竞争点——在一个更加透明的世界里，任何事情都会变成公平竞争并且可能成为企业让自己与众不同的方式。但是，一家企业并不能单独解决这诸多问题。比如，我见过大型的零售公司在优化照明系统上分享创意，而原因是：通过使用新科技来降低成本固然很好，但是单凭一家之力是无法把市场推向更加节能高效的照明系统的，那样的话你就不能够将新技术带来的成本优势变为自己的差异化竞争优势——因此你需要和竞争者们合作，把需求拉动起来，然后把大家的成本和碳排放足迹都降低。

最后一点：分享企业正常运营的方式是一种挑战，尤其是分享知识产权（IP）。但是正如耐克的汉娜·琼斯所说："当你从一个极端——独有的研发权，走到另一个极端——共有的系统创新，你所拥有的专利知识产权的价值就降低了……但随之降低的还有成本。"[7] 分享创意也就意味着分享价值和分担成本。因此，关键的问题是，你们真正的竞争点到底是什么？

巴西的邦迪：与社区和政府合作

世界上大部分的邦迪创可贴都产自巴西。治疗创伤产品的生产商强生公司长期以来都想要增加由回收物（postconsumer recycled content, PCR）制成的包装的比例。

但是获取优质的回收物一直是个难题，尤其是巴西的大多数回收物都来自垃圾填埋场的无正式组织拾荒者群体。很不幸，这个情况是个常态：世界银行估计，有1%的发展中国家的城市人口以在垃圾堆里捡东西为生。[8]

在巴西和其他的一些国家，拾荒者已组成了松散的合作组织。强生公司希望将其中一个叫"Futura"的大型组织变成一个更有生存能力的企业。作为强生旗下名为"凤凰项目"的一部分，强生采取了两个主要的步骤帮助Futura公司变成一个顶级供应商。

首先，强生帮助该公司采用一套为国际所认可的运营标准来创造更加安全、更为良好的工作环境。这套标准是SA8000认证体系。SA8000给公司提供了一套拥有良好设计程序的管理体系，这是一个非正式成立的垃圾填埋场公司所缺少的结构。Futura现在是由SA8000所认证的公司，为其供应链和社区中的每个人注入对其运作的信心。

其次，强生和巴西的圣若泽·杜斯坎普斯市（São José dos Campos）合作，将Futura的转型变为现实。该市也需要在给Futura这个公司提供必要的基础设施以维持公司的运营之前，确定该公司的可信度。随后，圣若泽·杜斯坎普斯市和强生将Futura介绍给了当地的银行，让该公司获得投资资金。这些贷款在一个跨国公司和市政府的支持下自然会更加容易获得，投资也更为可靠。

今天，Futura已经成为一个不断壮大的企业，有着安全的工作环境，并且能够提供更高质量和更为可靠的资源回收产品。强生现在从Futura购买回收物用于生产邦迪的包装盒。

强生在聚集各方资源——城市、公司、银行以及其他相关方——的过程中起到了带头作用，帮助建立了一个能够贡献当地社区和全球经济的企业。"对我们而言，"强生的保雷特·弗兰克说，"'凤凰项目'点燃了可持续性各个方面的星星之火。"[9]

欣赏式探询：由雇员主导的合作

如果你邀请自家雇员和一大批外部的相关人士来挑战你的公司会怎么样？想象一下，将他们聚集在一个房间里几天，尽弃前嫌，问一些"离经叛道"的问题：我们到底是什么？我们应该如何运作？我们的竞争点在哪里？我们能够成为什么样的企业？

这些问题可以带来深远的商业成果。西凯斯储蓄大学卫勒海德管理学院的教授，大卫·库珀里德（David Cooperrider）创造了一种可以激发人们最佳潜能的方式，他把这个过程叫做"欣赏式探询"（简称AI，但这和人工智能绝不是一回事）（译者注：《欣赏式探询》一书的中文版于2007年由中国人民大学出版社出版）。库珀里德已在跨国公司、联合国和美国海军等大型机构做过这种为期多天的创新和战略问询实践。

第221页

雀巢的共享价值

　　战略大家迈克尔·波特致力于推动"共享价值"，一种公司之间相互合作共同解决世界上大的问题、为他们自己并为社会共同创造价值的方式［这一概念和之前杰德·艾默森（Jed Emerson）的"混合价值"相类似］。雀巢作为一家食品和营养公司在这一想法上走得十分深远。雀巢的首席执行官保罗·巴克（Paul Bulcke）说："创造共享的价值是我们作为一家公司和作为个人行事的重要方式……我们坚信，一个公司要想长久获得成功和意义，就必须和社会进行有益的和创造性的互动。"[10]共享价值是将所有人都囊括其中的一种委婉表达。正如很多人说的那样，公司在一个失败的社会里是无法成功的。

　　雀巢正在努力通过解决营养、水和农村发展问题的方式为股东和社会创造价值。在具体的层面，这一努力具化到在食品生产中减少盐、糖和脂肪，增加全麦谷物的使用，与农民合作，帮助农村地区发展。

　　让"欣赏式探询"如此特殊的是，它允许员工和其他有影响力的人平等地分享想法，也考虑了公司的整个系统和在世界上的角色。这是最佳的系统性思考。库珀里德这样描述他创造一个"积极感染"的过程："规模数百人的大型组织能够迸发出整个系统的激情……快速地设计样品原型并且采取行动……我们只是在壮大自己的力量方面很突出，而不仅仅是简单地解决问题。但是在人类系统

中，最佳状态会在人们共同体验过系统的整体性、强强相激时最自
然地、甚至非常容易地流露出来……特别是当相关的人，不管是内
部还是外部、顶层还是基层的人（相互激发）的时候。"[11]

第222页

我曾有幸代表一家大型的电力公司、一家当地政府机构以及
一家前文曾提到过的、规模中等的生产杀虫剂和防蚊剂的公司——
克拉克环保，参加过此类峰会并发表过演讲。在克拉克的活动上，
我切身体会了"欣赏式探询"峰会的魅力。还记得首席执行官里莱
尔·克拉克曾让他的领导团队和他一起跳进游泳池来证明他们寻求
改变的决心的做法吗？他之后又召开了几次全公司的会议，最后以
欣赏式探询会议的形式达到高潮。用克拉克的话说，"打破了阻碍
可持续性的高墙"。

很大程度上，克拉克环保开始对其健康和保健项目、办公室
和物理环境、伙伴关系、产品开发进行改革是此次会议的结果。比
如，它的有机防蚊产品的Natular生产线是其增长最快的产品，且获
得了环境保护署的总统绿色化学奖。下一代，更为绿色环保的产品
将在2014年之前达到整体销量的25%，公司的业务变化每年能节省
50万美元，同时，雇员的离职率也下降了。[12]

平山矿业，我们之前提过的中型砂矿业务公司，也用了"欣
赏式探询"的方法。记得平山矿业50%的奖金和其环境以及社会表
现相关的事吗？这样的投入也是2005年一次欣赏式探询峰会后的
结果。用员工和其他相关人员等的反馈来改变支付方式证明了企
业对于新理念的开放。但它也需要一个能把各种人才聚拢起来的
信任机制。

如何执行

　　合作这个话题太过宽泛，不好讨论。每一个伙伴关系或者多方关系都是独特的——与政府打交道和与供应商打交道非常不一样，当然也和与你的竞争者合作十分不同。但一些分析和思考训练可以让你的企业更好地为真正的合作做准备。以下是一些新的想法：

　　评估你所在的行业中最大的环境和社会挑战。从更广阔的角度来看你的公司所在的行业和系统，而不只是你自己的价值链影响。

　　找出会被这些挑战影响的其他人。是只有竞争者，还是有类似问题的平行主体？比如说，你的公司生产的是纸质品，而采购新纸或再生纸变得越来越困难，越来越昂贵。也许不在产品里使用纤维、但需要大量包装的公司会是你天然的同盟。

　　建一个企业和股东生态系统模型。谁需要成为解决方案中的一部分？谁有决策权？对于一个大问题而言，这个体系可能非常庞大。比如，为了更好地理解用水问题并制定解决方案，可口可乐公司、百事可乐公司、英国南非米勒酿酒公司、雀巢公司等与公共部门组织（如世界银行，美国国际开发署）以及来自印度、约旦、墨西哥和南非的政府代表共同成立了2030水资源集团（2030 Water Resource Group）。

　　开展"我们的竞争点何在"的分析。把不同功能领域的战略思考者，尤其是那些销售和市场营销方面的战略思考者聚集起来，并试着把你的企业正在卖的东西列出来，并分析你和别人的东西不同之处到底在哪里？竞争优势是什么？这些优势是否能够一直保持（也许不会）？

与你的法律团队协商，什么是会引发反垄断问题的点。你和你的竞争者们可以在一起谈论些什么，并且能避免垄断之嫌呢？

对于地区合作伙伴关系而言，了解当地的情况并且获取专业知识。就像强生公司在巴西的运营一样，找到了解这一地区和区内问题的当地非政府组织和学术伙伴会对工作的开展有所帮助。

找到能够召集到正确对象的召集者。哪些非政府组织在解决这个问题（比如，是由社会责任企业还是由环境组织来召集工作小组）？它们已经组织了哪些联盟？可以了解一下联合国的全球协议企业伙伴关系中心（UN Global Compact Business Partnership Hub），这是一个用来对接企业和"协调共同行动"的工具。[13]

了解你和你的伙伴在改变道路上的具体位置。解决大挑战就是要改变，这往往很困难，而当你要和别人一起来面对这样的问题时就会更困难。问一问你自己，我们的行业或者竞争者们在这一关键问题上处于什么阶段？我们是还在对是否存在问题进行争论，还是一些人已经稍稍走在我们之前，开始尝试一些解决方案了呢？

建立渠道、方法，制订计划来保持动力和干劲。来自总

第225页

部在英国的非政府组织未来论坛（Forum for the Future）的萨利·尔仁（Sally Uren）谈到改变和合作时说："能够对整个系统有远见，这很好，但你要保持这样的动力并维持这样的转型。"[14] 那么，什么会让整个团队迷失自己的方向呢？你是否需要关键成员提供持续的支持（主要是金钱和时间）？或者是要确保供应商提供新技术的数量（比如给可口可乐和百事公司的制冷剂）？

想法远大并且提前预想好终点。这一问题的解决或合作的成功会是什么样的？谁会一同到达终点？

今天的合作可以以不同寻常、有意思的方式进行。除了分享专利方面的合作（例如绿色交换）以及对气候政策的推动（如创新气候和能源政策企业），耐克还与美国国家航天局、美国国际发展署和美国国务院共同启动了一项战略合作项目LAUNCH，用于发现和扶持可以造福世界的创新项目。LAUNCH把设计师、学者、生产制造商、企业家和非政府组织聚集到一起，一同"激发关于材料可持续性及材料生产的行动"。[15]

耐克的总裁和首席执行官马克·帕克尔（Mark Parker）这样阐述LAUNCH 2020的创新挑战："当创新被最不可能的合作者之间的合作、资本投资、营销知识和决心共同激发的时候才是最强大的。现在是时候开始拿出大而勇敢的解决方案了。渐进式的改变不会有大作用，我们需要走得足够快或者规模足够大才能有所改变。"[16]

要解决我们的大挑战，我们不能面面俱到、无所不包。很多情第226页况下，竞争可以带来更好的表现、创造出更好的产品。但是要让创新快速形成规模、带来改变，还需要我们协力配合。我们需要把顾客也带入这个旅程。

第十三章 鼓励顾客更多关注和更少使用

　　画面从一头漂亮的北极熊在北极行走开始。北极熊一路向南，一步步走到了美国一个城郊的车道上。它用后腿站立起来给了车主一个拥抱……很显然，这是因为这个人买了一辆日产的聆风电动汽车。[1]

　　这个电视广告拍得很好，可是是否有效呢？我认为没有，因为一个简单而残酷的现实是：人们对北极熊不甚关心。

　　我出生于1970年，第一个"世界地球日"的前两周。因此我对"地球日"的年头了如指掌，我们每年举行一次关灯一小时的活动来引起大家对地球——以及对北极熊——的关注，这么做已经超过40年了。地球日其本身是有真正影响的，它表明公民对这一事业的支持，也促使立法者通过了许多重要的决策。

　　但是，泛泛的"拯救地球"的论调并没有把作为消费者的我们的生活方式改变太多——甚至是一点一滴的改变都没有。市场调查公司易普索（Ipsos）的一项调查研究表明，接受调查的美国人中只有3%表示他们只购买可持续、绿色或其他有益于生态环境的产品。[2] 除了像丰田普瑞斯和有机食品这样的较为知名和重要的产品

以外，能够算得上是"深绿"顾客（那些愿意为了一些绿色环保产

品长期支付更高价格的人）的比例并没有很大的增长。

这对我们所有人而言是个问题。我们面对的巨大挑战不能仅仅只依靠政府或企业来解决。我们需要三脚凳的第三只"脚"——作为消费者的公民——来作出不一样的选择，我们也需要大众市场的加入。正如清洁产品创新公司Method的创始人亚当·劳瑞（Adam Lowry）所说："为环保人士生产绿色产品根本是无稽之谈；我们要为所有非环保人士生产绿色环保产品。"[3]

好消息是，人们虽然不会为环保付更多的钱，但在价钱和质量一样的情况下人们会越来越倾向于选择绿色产品。基本来说，绿色环保或社会效益是营销者可以按的"第三个按钮"。[4] 通过赢得使用绿色环保产品的消费者来取得胜利的做法正在快速增长——易普索的研究表明，40%的人在产品易于找到并且价格相同（甚至价格更低）的情况下会更倾向于购买环保产品。要接触到这个更为广大、更为典型的群体，日产改变了自己的营销方式，通过使用更为有效的印刷宣传方式来展现自己的聆风系汽车每花费1美元可以跑多远。

但这里有一个更大的问题。在一个物资稀缺的世界里，问题并不是如选择一个毒性更小或里程数更长的汽车这么简单。我们需要更深入地研究消费行为，使用更少的东西，或者至少以不同的方式来使用物资，使得资源可以无限地被回收利用。一个充满了精巧设计的产品的循环经济能够帮助我们解决一些资源问题，但这条路还十分遥远。现在，也许包括未来，我们都需要精简一些行为。改变消费的本质对于通过多卖产品盈利的公司而言是一个离经叛道的改变。

"大改变"意味着改变我们对盈利方式的理解，同时也要说服消费者和企业的顾客一同作出改变。对于一群行业领先的公司而言，与消费者一起，帮助他们减少产品使用，反而是一条通往成长的道路。但这是因为这些聪明的营销者并没有大谈"作出牺牲"，他们所真正传递的信息不是"用得更少"，而是"获得更多的价值并且更好地生活"。通过利用混合的品牌信息和构建更深层的顾客关系，他们占据了更大的市场份额。他们在引领一场并不容易的有关消费的对话，而在这一点上，无人能超越户外品牌巴塔哥尼亚。

巴塔哥尼亚对消费主义的宣战

一则标题为"别买这件夹克"的广告占据了《纽约时报》整页的广告版面。这是全球顶级户外奢侈品牌巴塔哥尼亚一条抓人眼球的"反消费"信息。这条广告尤其让人感到惊讶是因为它出现在"黑色星期五"的当天，也就是为期30天的圣诞采购季的开始。

巴塔哥尼亚显然是一个与众不同的公司，但它拥有一个十分狂热的顾客群体。它于1972年由伊万·裘伊纳（Yvon Chouinard）创建，这是一个热爱户外胜过任何其他地方的人［他写了一本名为《让我的人民去冲浪》（Let My People Go Surfing）的书］。该公司大概是财务上最成功的公司，可诡异的是公司对成长和利润并不在意。巴塔哥尼亚除了自身品牌价值以外，年销售额达到了近6亿美元；就它的产品质量和顾客忠诚度而言，只要它想的话，公司的规模完全可以比现在更大。

第229页

环境问题处于巴塔哥尼亚业务的中心地位。它的目标声明中就简单扼要地提到："生产最好的产品，绝不产生不必要的伤害，用商业的方式启发和执行环境危机的解决方案。"裘伊纳成立了一个组织，"1%为地球"（One Percent for the Planet）。顾名思义，该组织的成员公司会将销售额的1%捐献给草根环保。2012年年初，在美国加利福尼亚州制定新的法规时，巴塔哥尼亚就注册成为加利福尼亚州第一家福利公司（Benefit Corporation）。该公司最近设立了一笔2000万美元的专项基金用于投资在服装、食品、水、能源和废弃物方面有突破性创新想法的环保公司。[5]

第230页

很显然，巴塔哥尼亚并不是一个寻常的企业，因此我也很少用它来举例子。它是一个私有企业，有效地被一个使命感驱动的人所领导。这意味着公司可以选择自己的道路，使得环境问题优先于短期利益（尽管公司本身的盈利业绩十分出色）。但正是由于这样的自由，巴塔哥尼亚证明了一个"大转变"公司能做什么样的事。它在尝试新的模式，向大家展示更为实际的盈利战略，不管这是不是公司的使命，只有持续的盈利才能让公司存活下来并且继续为其"1%"的热情投入资金。

但我们也应该学习巴塔哥尼亚。因为像沃尔玛这样传统的、大型的、以盈利为中心的公司也会向巴塔哥尼亚"离经叛道"的领导者寻求建议。因为经济的推动者和影响者不会无视巴塔哥尼亚所做之事，当它对消费驱动的盈利模式进行质疑时，我们都需要正襟危坐并保持关注。

第231页

> ## 转变的标志：翠丰集团
>
> 　　翠丰集团是欧洲最大的家具改进零售商，一家销售额达110亿英镑（160亿美元）的上市公司，拥有超过1000家的门店。这家公司的核心目标是"让顾客拥有更好、更加可持续化的居家环境"。翠丰集团想要帮助人们建造房子，一种产生的能源比使用的能源更多的房子，一个被称为"净增值"的复原式的商业模式。这个强有力的使命"会释放更多的客户需求，并让所有利益相关者受益，让我们的股东获益……以及一个更安全、更光明的未来"。[6]

　　而这也是巴塔哥尼亚的"共同线程倡议"（Common Threads Initiative）的目标。这一倡议包括"别买这件夹克"的广告以及与易趣合作让人们交易用过的巴塔哥尼亚的衣服。巴塔哥尼亚表示想要与消费者一道进行一项新的、拥有五项声明的交易，其中包括"我们生产持久耐用的服装装备，而您不要购买自己并不需要的产品"。[7]

　　一些批评者认为，"别买这件夹克"的广告是一种利用反向心理刺激销售的手段。但巴塔哥尼亚负责环境事务的副总裁，瑞克·瑞智威（Rick Ridgeway）告诉我："我们对于那则广告的内容是相当认真的。我们的动机是要开启关于增长的话题的讨论。我们还不知道如果有一天增长的势头逆转了会怎样，但我们相信它肯定会逆转，而且企业需要开始这样的对话。"[8]

　　几年后，2013年的秋季，巴塔哥尼亚开始了一个以"负责任的经济体"为主题的宣传活动，呼吁消费者和企业反思现有的消费模式。这一活动想要指出，"看到—想要—得到—使用—丢弃—遗忘"这样无休无止的循环不能继续下去了——再也不能。[9]

这些项目证明了我所说的"少用异端"理念的核心：与你的顾客就一些更大的问题进行联结，让他们少用你的产品（或者，以一种更为聪明的方式使用你的产品，然后再进行回收）。尤其是服装行业，会有更大的转变，并且努力让顾客参与进来。巴塔哥尼亚说，"不要买这么多"，但实际上，会再加一句，"但当你买的时候，请把你用过的东西带过来"。

马莎百货想让你"旧衣换新衣"

第232页

让顾客节约使用是一方面，但他们也需要在东西用完的时候把东西带回来，这才算完成一个回收闭环。在这方面，有一个公司做得很好，那就是英国的零售商马莎百货。马莎百货一直鼓励顾客回收旧衣。"旧衣换新衣"是马莎和其长期的合作伙伴乐施会（Oxfam）进行的一项活动，该活动鼓励顾客把旧衣（无论什么品牌）带到马莎百货商店。

"旧衣换新衣"项目是该零售商的可持续性战略之一。之所以叫"A计划（Plan A）"是因为"没有其他的备用方案（Plan B）"（显然，该公司采纳了"我们别无选择"的"大转变"逻辑）。为了让旧衣换置的消息传播得更远，马莎百货将一个多层楼的仓库用旧衣完全覆盖了起来。这样大的营销努力绝非偶然。大约一万件的衣服相当于英国每五分钟送到垃圾填埋场的衣物数量。"A计划"

的负责人亚当·艾尔曼（Adam Elman）告诉我："我们想要真正践行这一理念。"[10] 使命达成了。

这一被旧衣包裹的建筑物获得了许多关注，但这只是一项多边计划的开始，用于推动这一计划进入企业并将其与营销方案全面结合。马莎百货利用了一系列的营销手段，从开设临时的、由名人捐赠的旧衣商店，到把活动游戏化，给捐赠衣物的顾客发放脸书积分和勋章。马莎百货还利用明星的动员效应，邀请演员乔安娜·露姆莉（Joanna Lumley，因参演情景喜剧《荒唐阿姨》而在国外享有极高知名度）担任"A计划"的活动大使，参与到活动推广的中心。

马莎收集了大量的衣服——第一年就多达近400万件——并且为乐施会募集到了超过230万英镑（350万美元）的项目启动资金。公司也用收集到的衣服开启了循环经济之路，用这些回收材料制成新衣，名为"Shwop Coat"，而这些"二手"新衣的成本只有完全用新材料制成的新衣成本的一半。

在要求顾客做某些事情方面，这个项目是相当低调的。马莎百货的高级执行官麦克·巴里（Mike Barry）补充道："顾客并没有损失衣服的实用性（比如时尚、合身）或是价值（没有花费更多），但是项目本身确实要求顾客做一些不一样的事（捐赠不想要的衣服）。关键是，这是一个可以推广的项目——一种你可以想象所有人都可以接受的行为。"[11]马莎百货虽然不像巴塔哥尼亚那样直接，但是传达的信息是一样的，就是"不要浪费任何东西"。同时，公司也与顾客建立了更深刻的关系。

联合利华倡导节水，因品牌而不同

　　领先的公司正在研究如何把单独的品牌，而不仅仅是他们的公司实体与环境和社会问题联系起来。在一年一度的可持续品牌大会上，大公司的市场营销专员、学者、非政府组织、思想领袖和企业家们齐聚一堂，讨论如何把可持续性植入品牌并和顾客建立更深入的联系。可持续品牌大会的发起者柯安·史科齐纳兹（KoAnn Skrzyniarz）说，会议的目标是为未来创造更多更好的品牌。[12]

　　这是一个广泛而有趣的使命，而在这条路上走的最远的公司之一是联合利华。要让公司达到这一雄心勃勃的目标（之前提到过，其中之一是要让销量翻倍且碳排放减半），顾客需要在其中扮演重要角色。没有其他捷径可走。

　　当联合利华衡量它的主要产品在其生命周期中的影响（能源、水、排废等）时发现，公司生产产品所产生的碳足迹只占到一小部分，而消费者要负责其中的绝大部分。我们用来洗头发的水，我们用来加热水的能源，都远远超出我们生产产品时所利用的资源。

第234页

　　考虑到这些数据，联合利华开始尝试用新的方式让消费者参与到减少环境影响的任务中来。比如，联合利华举办了鼓励消费者缩短沐浴时间的活动。这样的努力对于任何品牌而言明显都是很危险的，尤其是在一个提倡大家享受悠长、放松的沐浴（更不用说"搓出泡泡、冲洗干净、再来一次"了）的行业。联合利华的执行官乔纳森·艾特伍德（Jonathan Atwood）说："我们从女性那里得到的反馈是'你们怎么敢叫我缩短我与自己独处的时间！'"[13] 向顾客传达消费观念的关键是，要针对每一个品牌进行个性化设定。要做到这一点非常不容易。联合利华的北美总裁吉斯·克鲁伊索夫（Kees Kruythoff）说，他们问自己的第一个问题是："这个品牌的目标是什么？它要给社会回馈一种什么样的价值？"[14]

丝华芙（Suave）洗发水是在联合利华（和沃尔玛合作）的节水运动中率先鼓励消费者节水的品牌。正如克鲁伊索夫所说，节水项目"和品牌'负担得起的美丽'这一承诺相符——越早关掉水龙头，你就越能省钱"。

相反，男士洗护用品品牌艾科（Axe）的品牌信息则与"交配游戏"紧密相连，也因此在关于用水的讨论中会有十分不一样的视角。艾科制作的影片传达的信息是，我们都要"拼浴"。就像"拼车"一样，但这要比拼车好玩得多。通过与他人共浴来节水的想法很聪明也很性感，且与艾科的品牌定位很相称。[15]

但是克鲁伊索夫也承认，公司仍然在试验阶段，因为一些信息的传递还只是刚刚开始，能起到多大的影响也很难评估。用他的话来说，要改变消费者的行为有着"难以置信的困难——每一次只有一个人会改变"，直到我们达到一个集体行为的临界点（就像吸烟一样）。从这一点出发，联合利华在2013年年底启动了一个叫做"阳光项目"的推广计划，来鼓励人们，尤其是家长，采取更具有可持续性的生活方式。

第235页

　　为了帮助他们更好地思考行为改变的问题，联合利华开发出了自己的改变顾客的模型：改变的五个步骤（图13-1）。第一步是要让人们意识到自己的行为会怎样影响到自己和这个世界。接下来是要让改变变得容易，有吸引力而且有所回报。最后一步——也是我们努力追求的目标——是把这种改变变成一种习惯。第236页

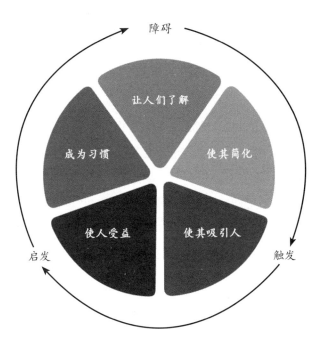

图 13-1　联合利华模型：改变的五个步骤

来源：联合利华

联合利华把品牌和许多大的挑战联系在一起，而不仅仅是水。卫宝肥皂（Lifebuoy Soap）品牌在全球范围内推广勤洗手，以改善大众健康，大幅降低儿童因为感染可预防的疾病而死亡的概率（正如联合利华首席执行官鲍尔曼所说，因儿童疾病死去的孩子人数之多，"和每天有十几架载满小孩的波音747飞机坠落而死去的人数相当"）。[16]

所有这些尝试都是为了解决大问题并且拉动企业增长。"这并不是要让企业体量翻番然后再让消耗减半，因为我们必须面对企业成长带来的后果。"克鲁伊索夫说："但是，把产品和一个更大的目标结合起来，将让我们更快地成长。"

到目前为止，这一方法奏效了。克鲁伊索夫说，对于那些在为了如何与可持续生活计划接轨而苦苦挣扎的品牌而言，日子已经不好过了，"而我们的那些以目的为驱动、期待对社会有所回馈的品牌的增长速度，是旗下其他品牌的两倍"。[17]

令消费者"在意"真的很重要吗？

让我们回到消费者是否真的在意北极熊或者其他环境或社会问题的讨论中。某种程度上来说，绿色已经成为了一种决胜局。在其他条件相同的情况下，消费者更愿意购买生产过程更有责任感且对环境产生影响更小的产品。

但是，让我们来问一个异端性问题：我们是否需要等待顾客和消费者来在意这些问题？公司一直都在创造需求——让我们诚实面对自己，这是优秀消费品公司的一项核心能力。如果口腔健康是牙刷的唯一功能性目标，那么我们需要多少种款式和品牌呢？当然用不了上百种。当一件东西成为商品，就像大多数的消费产品一样，那么差异化就来自良好的营销手段或者创新性创造。

第237页

因此，当公司说他们卖不了绿色产品是因为顾客不想要时，这就是一个借口。消费者没有蜂拥购买绿色产品是因为他们有一个长期的顾虑：绿色产品更贵而且质量不好（这也不怪人们，因为很多早期的绿色产品质量确实很烂，比如再生纸很容易让打印机卡纸）。

解决绿色产品的两难选择的问题有两条路径。首先，你可以在产品的其他方面加上一些有意思的东西，这样一来，顾客会愿意多掏钱，而且觉得整体体验物有所值。丰田普锐斯就属于这一类。一些批评家已经注意到普锐斯的车主有一种优越感（其中也包括我的家人）。也许有，但也可能这只是一种满足感，就和拥有一台50英寸①的电视、新的平板电脑或者一辆宝马汽车的骄傲感一样，没什么不同。对于丰田普锐斯的车主来说，这种满足感已经超越了这款车是不是会更省油更省钱这样狭隘的问题（也许不会，除非油价上涨得很厉害）。但说真的，我们是不是只根据回报来购买东西呢（见专栏"投资回报率的第二迷思"）？事实上，我们无时无刻不在做着情绪化的选择。

第238页

第二条路径，是一个更可能的选项，也是宝洁公司所关注的。正如宝洁的前首席执行官鲍勃·麦克唐纳所说："85%的消费者都不愿意为了环境而权衡取舍。因此（我们必须）生产出不需要取舍

---

①英寸：英美制长度单位，1 英寸约等于 2.54 厘米。

的产品和服务。"¹⁸ 换句话说，为什么我们要让人们花费更多？为什么不提高创新的标准，生产出无毒、低碳、低废、比传统产品更为有趣、同等价格、甚至价格更低的产品呢？

一个重要的经验是，你可以向消费者提前收取更多的钱，只要产品能够降低之后的使用成本。比如，LED灯泡的寿命更长，因此而省下来的费用会超出之前多支付的部分。这需要对消费者就"持续性节省"这一概念进行教育和沟通，一般都可以奏效。或者你可以采取一条更具强制性的"教育"途径——逼迫消费者朝你想要引导的方向走，给他们十分有限的选择（这可能不是最受欢迎的策略）。比如，宜家在2010年将白炽灯泡逐渐撤下货架之后又计划在2016年前停止销售荧光灯泡，而只销售LED灯泡。¹⁹

让消费者节约使用并不容易——当你直接卖产品给企业的时候这就容易得多。与公司打交道让他们省钱和节约使用就自然得多，而这也把我带到了企业对企业这一层面上。

投资回报率的第二迷思

如果公司用精确的计算来进行投资决策是投资回报的第一迷思，那么第二个，同时也是更大的一个迷思是，消费者会利用一些难以捉摸的效用计算来作出购买决定。如果我们要的只是纯粹的功能，我们就不会让一辆车的花费超过15 000美元，或是住在一个3000平方英尺①的房子里。我们将可支配收入的很大一部分花在了产品效用之外的原因上。

---

①平方英尺：英美制面积单位，1 平方英尺约等于 929 平方厘米。

在企业间推广"节约使用"：金佰利商用品牌

正如前面所提到的，废物管理公司和施乐公司正在帮助他们的顾客减少使用他们公司的核心产品（废物处理和打印）。在企业对企业的世界里，这种行为并不像在消费者方面那样不同寻常。帮助顾客节省开支并减少环境破坏，既能与顾客建立更深的联系，同时也可以增加市场份额。这样做的公司在让客户减少使用的时候所抱的目的不尽相同，但得到的结果却是一样的。

金佰利公司缔造了像"舒洁"和"适高"这样的品牌，但也经营着一个几十亿美元的"商用"品牌公司，售卖清洁类和纸类用品——除菌剂、肥皂、毛巾、纸巾、厕纸——给商业和政府客户。举例来说，当金佰利商用（Kimberly-Clark Professional, KCP）开发出一款全新的、吸附力更强的厨房用纸的时候，这项创新发明可能很自然地就让客户买纸的数量减少。

我和金佰利商用的全球总裁伊兰·史多克（Elane Stock）聊过天，问他公司如何与顾客打交道。"我们其实并没有奔着让他们减少使用我们产品的目标而去，"史多克说，"但是我们告诉我们的销售人员，要为顾客和公司创造价值。销售的数量只是创造价值的一个指标，但不是一个很好的指标——我们现在思考的是每个顾客的整体价值和盈利。"[20]

针对顾客的宣传已经从单位价格转向一些更为微妙的东西，比如客户每次使用的成本（每擦一次手或者每清洁一次厨房台面），现在则转向一个更为宽泛的信息，即每个员工的福利。金佰利商用想避免业内的"零向竞争"，即不断压低价格和盈利空间来提高销

 第239页

量。因此，它启动了一项"卓越工作环境"的项目，确保它的产品能够让员工保持健康，这样一来也能减少旷工，而且生产率也能得到提高。史多克说："我们将'这卷厕纸多少钱'的讨论变成了'我们能为您的企业带来什么价值？'"

将卖东西提升到更高的使命上，部分是出于对顾客需求变化的主动出击，部分是对这种变化的被动反应，包括针对他们的购买行为会对环境产生的影响这样的问题。总而言之，创造价值和满足顾客所有不断变化的需求，事关真正的市场份额。听起来有点不可思议，但是通过帮助顾客减少产品使用，你确实能打开销路。史多克说："通过和客户交流，我们发现，他们是在为他们的员工寻求福利。如果我不能为客户提供他们想要的东西，那他们也就转而选择其他人了。"

如何执行

要求公司对顾客说减少产品使用无疑是一项艰巨的任务。但正如采取"大转变"战略的公司所展现的，它能够创造价值。你需要认真思考：你的品牌和产品能够提供什么。以下是一些更为全面的建议：

了解产品或者服务对价值链产生的影响。这个建议出现得很频繁（也许应该把它作为每一章执行建议的第一条）。数据很重要，你也不想谈论一些影响甚微的问题——否则你会很快失去你的信用。

　　思考产品或服务的核心品牌承诺。就算你不是消费品生产公司，你也可以有品牌目标。确保你在提出"如何把你的品牌与可持续发展联系起来"的问题以前，你对自己品牌的承诺有明晰的了解。

　　对自己品牌的核心承诺了然于胸之后，把它与更大的挑战联系起来。你的产品和服务如何能够帮助解决我们关于气候、水资源和其他资源的共同挑战？

　　把产品的最终形态当做一种契机。你能和你的合作伙伴或者顾客创造一个闭环对话或过程吗？你能在产品的使用价值结束以后获取什么样的价值？这是一个与顾客重新联系的好机会，为他们解决问题，然后把更多的东西卖给他们（就像电脑公司回收旧的办公室电子零部件然后再卖出下一代新产品一样）。第241页

　　干实事——然后把这个事情传播出去。在你要求客户做得更多之前，请确保你已经证明自己付出了真诚、可见的努力。但努力之后，要把这些付出说出来。如果没有从你的工作上获取品牌价值，那么这本身就是一种浪费。

　　想好"减少产品使用"的策略对于企业意味着什么。如果顾客开始降低对你的产品或者服务的需求，你如何保证盈利？就像金佰利商用公司从单盒成本转移到每次使用的成本，再到一个更大的、关乎健康的推广点一样，你的转变策略是什么？

　　和顾客制定新的商业策略。许多大公司，尤其是消费品公司，都会与顾客一起开企业策划会议来共同制定策略。制定你

们的共同策略来解决所面对的挑战。

向消费者寻求帮助。勇敢一些，跳出"异端"的桎梏。让你的顾客减少产品使用，和他们建立更深的联系。这样做虽然危险，但是回报很高。而且在你的竞争对手这样做之前就采取行动会好得多。

要想让消费者的行为有所改变，我们必须把所有的销售手段都用起来。公司现在可以从一个意想不到的盟友那里得到重新思考消费概念的帮助了：广告公司。最大的广告公司也会问一些十分尖锐的问题。

奥美集团已经建立了一套体系，叫"奥美地球"，来帮助品牌跳脱出条条框框，进行不一样地思考。马丁·索罗尔（Martin Sorrell），全球最大的广告传播集团WPP的首席执行官，他曾这样说过："考虑到目前人口增长的速度、地球上的种种限制、气候的改变以及水资源的稀缺等情况，负责任的消费方式显得非常关键。"[21] 全球性的广告集团哈瓦斯（Havas）的首席执行官大卫·琼斯（David Jones）从责任的角度说："如果你做得不好，你就会发现很难与别人竞争并且很难做好。"[22]

第242页

大转变

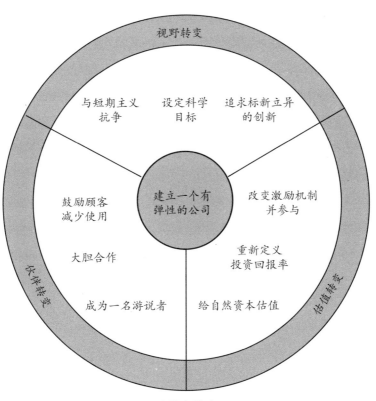

视野转变

与短期主义抗争　　设定科学目标　　追求标新立异的创新

鼓励顾客减少使用　　建立一个有弹性的公司　　改变激励机制并参与

大胆合作　　重新定义投资回报率

伙伴转变

成为一名游说者　　给自然资本估值

估值转变

大转变策略

第十四章　建立一个有弹性、反脆弱的公司

　　在电影《阿甘正传》里，主人公是一个跌跌撞撞闯进重要历
史时刻的简单人物，一路都是顺风顺水。但当他想要试着成为捕
虾船的船长时，他很可悲地失败了。接着，一场飓风袭来，尽管
这一地区的其他船都被摧毁了，阿甘和他的捕虾伙计"丹中尉"
的船不知为什么没有翻。风暴过后，他们在整个渔场尽情捕捞，
发了一笔财。

　　阿甘和他的捕虾船证明，恢复力是一项面对多变世界时能够生
存下来的技能。在风暴过后变得愈发强大，成为行业主导时，他展
现了一种"反脆弱性"，一个由不确定性大师纳西姆·塔勒布（译
者注：以《黑天鹅》一书闻名于世）创造的词。在他的《反脆弱》
一书中，塔勒布说只有稳健性（Robustness）———一种衡量一个系
统可以承受多少压力的指标是不够的，我们应该在事态变得艰难的
时候努力变得更强。

　　为了帮助描画出反脆弱系统———一种不单单是像弹性系统那样
的，而是会更好的系统———塔勒布常常拿自然界举例。他反复拿我
们的身体做例子：我们运动的时候会拉伸肌肉，如果方法得当，肌
肉就会变结实。我们的身体会对压力（不管是锻炼还是疫苗中少量

的病原体）作出反应，以变得更强或者产生抵抗力。

　　"大转变"的关键原则，尤其是再生性和循环性，均取法自然，而且证实了其反脆弱性。我们的星球无比强大——它把撞击在表面的东西全部吸收然后进化，之后会变得更加多元和强大。出现会使恐龙灭绝的陨石？没关系，我们只要让哺乳动物占领地球就行了。这种面对变化和压力时的恢复力正是我们所有的机制都应该向大自然学习的原因。[1]

　　因为有这么多的挑战等着我们，我想先搭建一个恢复力强大，或者说很结实的系统。但最好是，先想象一下反脆弱的经济体、国家和企业会是什么样。我们知道它们看起来将会和今天非常不同。

　　显而易见，我们现在的系统没有一个是反脆弱的，甚至连有恢复力都谈不上。全球性的金融危机是由一种劣性资产，一种由抵押贷款支撑的债券引发的，并感染了整个经济体，这足以证明这一点。或者想一想飓风"桑迪"引起的风暴使得一个转换器爆炸，导致了半个纽约市的大规模停电——这都说明这个体系弹性（恢复力）不足。这也是为什么前纽约市市长布隆伯格在离任之前，提出一个200亿美元的气候恢复力计划，为应对上升的海平面和越来越大的风暴作好准备。该计划包括修建防波堤、沙丘，修订全市的建筑规范等。[2]

　　我并不是说对所有可能出现的结果我们都能作出应对或者可以预知未来。做好准备并不等于更好的预测或详细的场景规划。你并不是因为确知不好的事如何发生以及何时发生才把恢复力纳入你的公司或经济建设中。把恢复力建设纳入自己的体系是因为你并不知道将会发生什么。我们需要能够应对多变性和不确定性的系统——第247页而多变性和不确定性是我们生命当中除了死亡和税收以外最为确定的东西。

所有"大转变"的根本性实践策略都应该帮助你的公司为未来做好准备。但是最后的这一策略并不是之前九个策略的结果，它也是用来帮助你有意识搭建一个有恢复力的企业的基础。面对气候变化、资源短缺和透明度问题的时候，最成功的公司会特别看重公司的恢复力。

恢复力的基础

要列出我自己的基础性要素，我着重参考了塔勒布的《反脆弱》，同时也稍稍参考了安德鲁·佐利（Andrew Zolli）和安·玛丽·希利（Ann Marie Healy）的《恢复力》。从这些著作和我自己与面临深层挑战的公司打交道的经验来看，我找到了恢复力或反脆弱性的五个关键性基础。

多样化

在他的书中，塔勒布展现了他对自然作为一个整体的尊重，而自然也是他所举出的反脆弱性的最佳案例。地球已经存在了数十亿年，一直面临着行星级范围内的易变性，但作为一个系统，整体来看大自然还是变得越来越强了。

当然，塔勒布警告说："自然的反脆弱性都是在一定程度上的……当一场灾难把地球上的生命完全消灭的时候，即使是适者也无法生存。"[3] 这是一个很复杂的概念——一个反脆弱性的体系实际上期待压力，并且会从中受益，但只是在一定程度上。

第248页

在企业中，我们接受的训练是要降低风险，而不是追求风险。但如果你的公司要在产品、过程和策略中模仿自然（记住，生物学仿生应该是一个关键的运营原则），你将比你的竞争对手更好地存活下来。

让自然变得如此强大的关键元素是它的多元化，这是《恢复力》一书作者颇为关注的东西。自然界是一幅有着不同生命形式并发出哼鸣的锦绣，就像珊瑚礁那样。类似的，多元化的想法和观点也会让一个组织变得更强；作物的多样化也能降低虫害或植物病害来袭时颗粒无收的风险（在农业上，单一栽培是一个非常严重的问题）；在投资中，你的资产多样化会让你的投资组合更能抵御风险。

如果一个公司的主要利润只靠一条产品线、一种技术或者服务，那么这个公司是很脆弱的。当塔勒布所说的"黑天鹅事件"（即意想不到、有着深远影响的事情），或者其他一些重大转变在产业中迅速发生的时候，公司就会受到威胁。比如，那些主要依赖糖制品盈利的饮料或者糖果巨头，没人能够预料科学和社会会如何决定健康管理的问题，但是关于糖的讨论正沿着50年前对烟草的讨论路径进行（越来越多的科学证据表明糖和烟草一样有害健康，这使企业面临广告禁令和社会的负面压力）。

如果这个世界没有了糖，糖制品生产线会怎么样？一个有着其他附加产品线，比如健康饮料或者食物生产的公司，是否会安然度过这场风暴呢?

想想如果这个社会陡然急转，弃用以碳为主的燃料，那些能第249页源公司会怎么样呢? 或者，那些将大量的贷款组合与投资都锁定在同一个化石燃料行业里的银行或基金，它们会遭遇什么呢? "大转变"的到来可能会很快，而那些有着多种选择和路径的公司会增加自身存活的几率。

冗余，有缓冲

也许自然系统中最重要的部分就是冗余: "自然总喜欢给自己多一重保障。"塔勒布这么说: "一重又一重的冗余是自然体系中的中心风险管理资产。我们有两个肾，备用的部分，备用的功能，体现在很多很多方面。"[4]

企业不会想把任何东西做成双份。但一旦坏了事，毫无准备就会是一个问题。2011年年末，一场历史性洪灾肆虐泰国，将全国超过1000座的工厂淹没，对整个国家的大型行业产生了严重影响。日立和西部数据这两家大型硬盘制造商都在泰国有很多设备，那个季度产量减半，每家公司遭受了约两亿美元的经济损失。[5]

在汽车行业，丰田和本田也在洪水季节来临时遭遇了同样的问题，因为它们的泰国供货商是某些零部件唯一的供货来源。汽车行业观察网站埃德蒙顿（Edmunds）估计，汽车生产下跌超过50万辆，并指出"拖了本田后腿的就是泰国生产的一些关键零部件"。[6]

肆虐的洪水暴露了这些公司在供应链上的致命弱点。把这些零部件分散到不同的区域难道不是更好吗？系统里的一些冗余如果能够避免一些代价高昂的严重冲击，那为此花点钱也是值得的。

第250页

或者考虑一个更富争议性的例子。2010年，当不能止住墨西哥湾"深水地平线"油井（Deepwater Horizon）的漏油时，英国石油公司花了几个月时间钻了第二口油井来释放海底的压力，让堵漏工程能够顺利进行。如果公司在一开始钻主井的时候就钻了这口减压井，那么漏油事件可能就只持续几分钟或是几个小时，而不是几个月——这将让诉讼时长缩短几十年，也能为公司免去数十亿美元的罚款。

这种级别的冗余看起来很荒谬也很昂贵，但是这在石油行业内并非没有先例。1989年著名的埃克森·瓦尔德森（Exxon Valdez）原油泄漏事件之后，石油行业被迫要求将运油船只的船体造成两层，以降低船只搁浅时漏油的几率。这当然会让油船的造价更高，但是这样的冗余能够避免许多漏油事件和无法估计的几十亿美元的罚单。

如果全面复制太过夸张，那么考虑一下保持事故缓冲带和误差空间。在一份关于弹性和风险的白皮书中，普华永道把"缓冲地带"形容为"提供短期喘息空间以吸收冲击的边缘空间"。报告描述了加利福尼亚州太平洋燃气电力公司（PG&E）"向小型企业和居民客户介绍了一个可以自愿加入的项目，加入该项目的人自愿让出峰值用电，作为回报，他们会获得更低的电价"。参加项目的2.5万名用户让太平洋燃气电力公司在暑天和用电高峰时段减少了用电量，把电网的负荷减少了16%。[7]

冗余是系统保持恢复力的关键因素。也许要求备份会看起来很软弱——那些登山不带绳索的人也许是最强悍的，但误差是零（一个错误就能置他们于死地）。在商业中，就如塔勒布所说的："冗余并不是懦弱，它可以变得很强势……如果你的仓库里，比如说，有多余的化肥库存以防万一，然后刚好因为中国发生了突发情况，化肥出现了短缺，那么你就可以高价卖出这些存货了。"[8]

冗余对于一些只看数字的人来说会显得难以接受。它看起来很浪费。但在商业和生活中，我们接受付出一定的代价来规避风险——用一些衡量方法来看，保险占到了全球经济的3%。那么，我们在设计自己的企业时，为什么不用一些缓冲手段来更好地控制世界上日益频繁的极端情况呢？塔勒布指出："冗余这个概念显得很模糊，因为如果没有什么不寻常的事发生，它就显得很浪费了。除非不寻常的事经常发生。"[9]

因此，问问你自己，什么是我们企业中的"单层船体"（译者注：即没有缓冲没有保障的事情）？

憎恶风险……并热爱它

塔勒布在投资界声名鹊起是因为他把赌注押在了他所预测的不可避免的极端情况上。他谈到了采取一种非同寻常的投资策略的益处：把90%的投资组合放在低风险的现金里，把10%放在回报率为10倍甚至更高的高风险赌注上（比如，变化性很大的选项）。这样，你最多只会损失10%，而你的盈利上限会十分广阔。塔勒布指出，一个正常的百分之百"中等风险"的债券投资组合，在市场崩溃的情况下，其所承担的总体风险往往更高。[10]

公司更多的是采用后一种模式运营，在业务的各个部分都执行低等或中等风险的投资和策略。执行者们会天然地规避风险，而且有这样做的动机。不捣乱，短期之内把可预期的收益都给实现了——这是"箴言咒语"。

第252页

但想象一下一家90：10模式的公司会是什么样子的。它会对大多数生意采取安全快速的跟随者策略，然后再挑选一些来承担更大的风险。这是另类创新真正起作用的地方，也是我之前提到的"臭鼬工厂"能够成形的原因。这使得规避极端风险和寻求健康风险实现有趣的结合。

我们正处于全球性的大转变节点上，因此我们需要一些大的赌注。对于一些部门和公司而言，整个商业模式都会发生转变。想想废物管理公司从简单的托运垃圾到管理回收、提供废物处理服务的转变。或者想想当今有着无可比拟的权势和利益的化石燃料公司，随着全世界政府、公民和投资者们越来越意识到我们不能将所有的燃料都烧光，将这些燃料作为主要资产的石油公司将面临极度不确定的未来。

对于很多组织而言，当公司发展出能产生巨大回报但也会打破企业原有核心部分的异端创新时（要赶在别人之前完成），大转变就会成批出现。要想使这一策略奏效，我们需要尝试很多很多事物然后快速找出什么是行不通的。我们需要快速地失败。

速度：快速反馈和失败

我的心脏病学家朋友，就是告诉我40%的首发心脏病都很致命的那位，还告诉了我一个关于挽救生命的精彩故事。在一次病房巡诊的时候，我的朋友正在和他的一个病人说话。病人身上戴着心率检测仪。当这个病人说话时，我的朋友从检测仪上看到病人的心跳不正常，虽然当时病人还没有意识到（在病人感觉到之前会有一个10秒左右的延迟）。就在这时，我的朋友让护士准备好起搏器，并迅速做好给这个人做心跳复苏的准备。最终，他的确做了心跳复苏。

巨大风险的挑战

第253页

这里有一个简短但十分复杂的问题：对于一家公司而言，巨大风险是什么呢？"巨大"是一个会计用语，用于衡量事情的重要性。每一个上市公司必须对它的投资者们披露风险，但是，有哪些风险大到足以提及？

这个问题在充满巨大挑战的世界里变得愈发尖锐——什么时候气候变化、水资源供应或对有毒化学品的立法会给一家公司或者政府造成重大风险呢？在2013年3月，纽约州对债券投资者们发布了一个警告，说气候变化可能会伤及州财政。奇怪的是，评级机构标准普尔（Standard & Poor's）和穆迪投资者服务公司（Moody's Investor Service）——均给了一些高危抵押贷款债权3A的评级——忽略了这一信息并且选择保持原有评级。[11]这个信息脱节不能也不会继续下去。

气候变化成了一个非同寻常的重大挑战。它是一个非线性的风险，能够在更大的风险来袭的时候暴露出来。无疑，在泽西海岸①的部分地区知晓气候变化和极端天气是"重大风险"之前，一些城镇就被抹平了。我们不能坐等重大风险来给我们当头棒喝。

在追寻更好、更具体的信息的过程中，一个值得关注的机构是可持续会计准则委员会，他们按照部门，把对企业十分重要的环境和社会问题一一列举出来。这个新兴组织的目标是要对会计准则产生像财务会计准则委员会一样的影响力，但这为时尚早。

重大风险对大转变而言是触及核心的问题——如果我们不能找出企业中真正的风险和依赖性并对它们进行估值，那么我们也不能很好地管理它们。

第254页

很显然，运气在我朋友查房的时候扮演了很重要的角色。但是，快速的反馈——在当时知晓病人的状况——在这其中至关重要。即使是在没有这么生死攸关的时刻，实时反馈的威力也十分强大。能告诉每家每户他们当下用了多少电的电表改变了人们的行为。人们会关掉电灯和空调，节电省钱。

即时数据影响的不仅仅只是消费者行为，大型炼油厂瓦莱罗（Valero）用能源表和思爱普公司的实时监测软件来查找低效率的地方。它可以优化油箱的温度和压强，在第一年就节省了1.2亿美元。类似的，陶氏化学用水表为位于得克萨斯州的世界上最大的

①泽西海岸，Jersey Shore, 在新泽西州的沿海地区。

炼油厂节省了数十亿加仑的水，要知道，得克萨斯州水资源并不丰富。[12]

　　在全球与公司层面上，我们需要更好的反馈机制——计量能源和水的用量都很容易，但我们在巨大挑战方面表现如何呢？瑞典的非营利性研究机构斯德哥尔摩复原力中心指出，为了确保我们的安全，有九样东西的边界不能破坏，比如气候变化（用大气里的碳含量来衡量）、生物多样性、臭氧层、海洋酸化以及用水。该中心说，在九项中，我们已经有三项超过了安全点。[13] 我在第六章提到的那些致力于开发基于环境的量化指标的人也正在公司层面思考类似的问题（详见附录B）。

　　但是，需要再次强调的是，我们要奖励那些快速失败的实践者或那些勇于尝试的人，不论结果如何。如果我们拿出企业投资组合的10%押在一些疯狂的、异端性的赌注上，我们会很快知道什么走得通什么走不通。异端赌注要求的不仅是快速的反馈，更要求勇敢的领导者快刀斩乱麻，丢下失败的实验继续前进。

模块化和分散式设计

第255页

　　2003年8月，美国东北地区全面停电，让5000万人陷入黑暗。我记得很清楚，因为我的第一个孩子才出生11天，我们当时既没有冰箱也没有空调。新手父母往往不那么善于应变。

　　这次停电背后的故事挺荒谬的。这一历史性的停电事件始于一根树枝掉在了俄亥俄州的一根输电线上。这次大停电暴露了这个国家的一个非常大的安全风险。就像前中央情报局局长金·乌尔塞（Jim Woolsey）所说，要是有人想把电网故意切断并不需要费太大的力气，"恐怖分子可比树枝聪明得多"。[14]

一个有恢复力的系统不仅仅要有冗余，也要有独立化、模块化和分散式的零部件。如果我们建立一个分散式的电力系统，也就是把太阳能板、风力涡轮机和地热系统结合起来给每家每户和办公楼供电，那么我们就帮了自己一个大忙了。

我家房顶上有一个7000瓦的太阳能系统。在一些月份，我们所产生的电超过用电量，就把多余的送回电网。现在，我们仍需要备用电，但有了本土化的电池和迷你电网发送，这是一项正在发展中的科技，我们把晴天的能量储蓄起来以备风暴来袭时的不时之需。

公司可以更进一步。那些依赖于分散能源且想摆脱化石能源和电网的公司可以继续在极端情况下保持运行。沃尔玛很了解这里面的机遇。该公司在制定更大的目标时，包括将可再生能源的使用量增加六倍，目前已经是最大的可再生能源和太阳能的使用者了。在宣布仪式上，雷斯里·达士（Leslie Dach），当时沃尔玛公司的事务执行副总裁，这样形容沃尔玛在能源效率和可再生能源上的投资如何能够"帮助我们无论天气多么恶劣，或者在别人运行不下去的时候，照样能够正常运营"。[15]

正如阿甘的捕虾船，不幸发生过后还能劫后余生的企业在以后会做得非常、非常好。

转变的标志：美国军队

军队将以碳为基础的燃料作为自身使命的巨大威胁。作为其运行投入之一，化石燃料构成了一个薄弱的供应链，基本上是为敌人提供资金。对于这些燃料的依赖威胁着我们的军队：每供应24个舰队所需燃料或水就会有一个士兵或平民承包商受伤或死亡。这些燃料还价格不菲——军队要将石油运到前沿作战基地，每加仑的油需要花掉400美金。这些燃料也会使气候变化加剧。一家由五角大楼资助的智库将化石燃料视作"威胁倍增器"。作为回应，美国海军行动了起来，让一个在阿富汗的美国海军前沿作战基地用太阳能来供电，推出了美国海军舰队"马金岛"号（Makin Island）——一个用电池提供动力且速度达到每小时10海里的混合动力船舰（也许是海上普锐斯吧？）——并为它的飞机购买了大量生物燃料。[16]

为恢复力估值以及规避风险的挑战

在积极管理风险和建立恢复力的道路上有一个阻碍，即使这是为了竞争优势：在任何组织机构里很少有人会因为阻止坏事发生而被奖励（除非你是守门员）。当然，也有风险员，但是领导团队和所有的中层管理团队通常会因他们做了什么而受到表扬，而不是为了他们没做的事。

第257页

这让我想起了所有拿"千年虫问题"（Y2K）打趣的行家们，计算机系统将在2000年的第一天，当日期变为01/01/00的时候崩溃。他们指出，那天并没有发生什么大的问题。但那是因为全世界的程序员都在努力让风险消除，公司和政府都在避免该问题花了大量的时间和资源。

在我与一家全球制造企业顶级管理层的会面中，公司的首席财务官谈到工厂改良防火设施的费用时，说到了项目预期的投资回报率。但这就是问题所在——并不存在投资回报。所谓的"回报"是再次确保一些事不会发生。当然，你可以将一场大火可能带来的物质资产损失做一个估值（除了人员上的成本外），但这个数字和事实相违背——因为它假设了一个不会发生或者并未发生的场景。

当管理层能够在这些投资中看到回报，这就是一个好的迹象，但是大多数时候，巨大挑战的风险控制和管理被企业大大低估了。除非一个公司作出"大转变"的战略决定。

如何执行

整本书讲的就是如何建立一个具有恢复力的企业。科学目标会通往全新的效率和异端创新，这会让你的企业变得更有弹性——如果你的资源使用量大大减少，那么资源稀缺也威胁不到你了。正确估计你投入的价值和你从大转变战略中得到的利益，可以创造长期价值，并让公司更加强大。合作意味着有人支持你，这样你就不那么容易失败。帮助你的客户来管理他们所面临的巨大挑战会让你们之间建立起更长久、更牢固的关系，也会让企业更加富有弹性。

除此之外，尝试问一问自己一些关键性的问题，以此来开启建立一个更加有弹性的企业之路：

- 再审视一遍你的价值链上的影响和风险。然后问问你自己，我们的"单层船体"是什么（也就是，我们主要的、会造成巨大损失和花费的弱点在哪里）？

- 冗余的设计真正会帮到你什么？要构建它需要花费什么？如果不要冗余设计，那恢复需要什么？

- 在你的运营中、供应链中和组织当中（比如是否储备了有关键技能的员工，而不是一味地使用裁员来节约开支），你可以做些什么来建立缓冲地带？

- 你如何让企业的大多数业务减少相互间的依赖性，来保证一个领域的失败不至于把其余的领域都拖垮？

- 如何降低企业中大部分业务的风险，同时又能大大提高其中一部分业务的风险承受能力？一个异端创新中心（第七章）是否能帮助你？

- 如何奖励规避风险？当你的竞争对手或者地区内的其他公司发生不测时，你的项目安全度过了，你该如何奖励让你的企业平安无事的人？

- 当情况不容乐观，但令人惊异的机会出现时，你把公司放在什么样的位置上？你的"捕虾船"是什么？你的竞争对手的"捕虾船"又是什么呢？

第259页

　　风险规避和恢复力在一家公司中扮演什么样的角色？我们是否珍视它？塔勒布批评商人常常目光狭隘："（他们）倾向于相信盈利是自己的主要目标，在有生存和风险控制的情况下，有一些事情要考虑——他们弄错了生存和成功的逻辑优先顺序。要盈利，首先得活下来。"[17]

结语　设想一个大转变的世界

无论我们是否愿意，变化总是要到来。没有公司——也没有个第261页人——能避免一个气候更炎热、资源更稀缺、信息更开放的世界所带来的影响。

在一个气候更加炎热的世界，企业将持续面临被暴风、洪水和干旱中断正常运转的风险。企业需要应对好客户的需求，向气候友好型产品与服务的方向快速转变。企业也会发现，雇员们和股东们越来越期待他们在气候变化方面有所行动。

在一个资源更加稀缺的世界，由于大多数主要经济投入的价格会持续走高，企业将不得不控制不断上涨的成本结构，否则就会面临关键资源（比如水）匮乏的问题。

在一个信息更为开放的世界，每个人都会知道你的商业行为是如何围绕价值链上下进行运转的。客户、雇员和社区会从气候变化、用水、资源限制和用工安全等方面评判你究竟是问题的源头还是问题的解决者。

我在《大转变》中提出的十大现实策略不可能涵盖所有应对巨第262页大挑战和建设繁荣世界所需的举措。但对于私营部门而言，它们代表着一个广泛的议程和毋庸置疑的组合。实际上，并不存在局部版本，无论它看起来多么有吸引力，我们都不能只实施议程的某些部分，至多我们可以从局部计划开始挽救将覆之舟。综合来看，这些策略重新思考企业该如何看待世界（视野转变），对企业而言重要的是什么（估值转变），以及企业之间如何合作（伙伴转变）。总之，这十大策略对解决我们所面临的巨大挑战是必要的。

我知道要建议公司同时在所有这些方面采取行动，任务量是很大的。很多组织往往将许多这类问题归在"可持续发展"部门，并表示自己不能完成所有这些任务——尤其是分配给可持续发展部门的资源有限的情况下。他们会冷静地说，我们不得不分出轻重缓急。但是这个方法合乎逻辑吗？

说到经营方式，你可以马上为自己的企业所要做的正确的事列出个一二三四吗？想象一下，一个首席执行官这样告诉投资者或员工："今年我们要做市场营销，明年我们将追求开发最高性能的产品，几年之后，我们工作的重点会转向人力资源。"

在业务的不同领域会有不同的人参与，每一个人都被期望能够出类拔萃，把工作做到最好。大转变战略也是如此。议程的各个部分将由不同的人负责——政府关系部门负责游说，投资者关系部门负责对话华尔街，产品开发或研发部门负责异端创新，人力资源部门负责参与度，首席财务官负责投资决策和估值，等等。

但不要误会，大转变必须始于顶层——从那些首席大佬们开始。带头人和所有官员都需要领头负责。一旦有了顶层的介入，执行这些策略就需要卷起袖子的实干和苦干以及新的合作方式。由于大转变可能需要很多努力，因此人们自然要问，我们能从中得到什么？

那些愿意作出深刻转变的人会拥有巨大的优势。但我应该老实地说：有些公司在大转变的世界中并不会运作得那么好，有赢家也有输家。

大多数企业和行业将会发生深刻的变革，否则就会面临消亡的风险。例如，如果没有"清洁煤"的技术奇迹，煤炭行业将不复存在。通常，化石燃料公司要么转变成可再生能源巨头，要么就会逐渐萎缩成规模小得多的组织。是的，某些领域会面临失业。就像我们没有刻意地支持马车或打字机公司一样，如今我们也无法拯救一些企业。自由市场经济从来不会为任何部门或任何特定的工作作保。而真正的范式转变会比以往来得更加频繁，而且无人能出其外。

尽管有这么多重要的警告，我们中的大多数人仍将会在这个大转变的世界里取得胜利，不用说别的，一个明显的事实——我们确保了自己的生存——这本身就是一种巨大的胜利。让我们预想一下从实现大转变和追求更实质性的议程中能得到什么。

一个大转变的世界

想象一下，在一个更加开放和包容的工作场所，员工积极参与，满腔热忱追求着远大的目标。他们设计、建造和提供的产品与服务将不会引领我们走向自我灭亡，甚至能够修复重建世界，为后代和企业留下一个更富足的地球。

我们将以新的方式进行创新，并重新定义一家企业的价值，

第264页

让我们去追求更激动人心和能实现自我的目标，而非仅仅产生短期利润。我们将不再为了季度收入而像仓鼠一样在轮子上永无止境地奔跑，让高层管理者们建立起真正能为客户提供优质体验的伟大公司。

即便对利润有新的定义，这些领导者也会通过一切可能的形式让企业增收、创收。改造我们的建筑环境、交通基础设施和能源系统——甚至重塑消费和对高质量生活的定义——对于那些找到更绿色环保行为方式的人来说，这样的优势会让他们赚得盆满钵满。

通过帮助建立更有弹性、更抗脆弱和更为繁荣的世界，企业在社会中将担任新的角色，成为实现真正进步的力量，引导我们低效的政府实现更好、更高效以及更富有市场的成果。企业领导人将不再把政府——这个唯一以我们需要的规模动员起集体意志和资源的机构——视为敌人。而对于政府而言，他们将不仅仅是公正的监管机构，更是富有成效的合作者。

我们将投资利用一些能让我们更加健康，更少依赖于危险、不易获取、昂贵或者会威胁世界安全的资源技术和商业模式。我们的经济将与物质用途脱钩，原因是我们建立起了循环经济［部分基于《从摇篮到摇篮》和《向上回收》（Upcycle）书中的观点］，即所有安全的材料都被视为可以永久地循环利用的"营养"。

最重要的是，从每家每户分散式运送的可再生能源将让整个世界充满力量。我们将自己和未来押注于建设一个更加公正、更加包容的社会，这个社会也符合大自然规律，能充分利用我们周围富足的可再生形式的能源。

第265页

最后，我们会改变对可能性的期望。也许实现大转变的最大障碍并非短期主义、筒仓效应、估值空白，而是缺乏"我们可以做到"的信念。

我们必须相信，我们可以改变自己前进的方向。我们也必须意识到，越早开始，这些转变将会越容易实现。如果你在海上驾驶一艘超级邮轮，初期的航向转变将会改变你最终到达的终点。如果等的时间太长，你则需要走很长的路来纠正错误，而物资补给可能在你到达终点之前就消耗殆尽了。

我们来不及应对许多挑战——尤其是碳排放的挑战。我们很容易两手一摊说，"这太难了"。但在政治、情感、财务和社会方面的可行变化正以令人震惊的速度向我们逼近。勇敢的人努力转变人们的想法，在历经多年的看似毫无进展之后，我们到达了一个转折点，看到了标准的变化。想想奴隶制和废奴；争取种族、性别和性平等的民权运动；或对吸烟观点的转变。变化往往以迅雷不及掩耳之势到来。

在商业世界中，我们要么随着时代快速变化，要么消失。资本主义诚然有其自身的问题，但如果不是在抛弃过时的模式时有着无情的高效，资本主义将荡然无存。做生意的新方式取决于我们自己。

大转变并不总是容易的，但这也并不意味着它总是困难重重或者缺乏趣味。考虑到生活的短期需求，改善我们个人的健康、避免心脏病这样致命的疾病有时十分具有挑战性。但是我们可以在生活中养成一个更好的、有时截然不同的习惯。这种做法的回报是巨大

第266页

的。就个体而言，我们可以大大增加长寿和健康的概率。那么，我们当然可以将这样的做法推广至整个物种。

在一次会议中，我的一个客户和他的同事问我："我们做这些绿色项目的目的，是因为它让商业变得有意义，还是只有这样做我们才能睡得更踏实？"当我们知道自己已经对自身的健康、孩子、家庭、朋友和我们的社区竭尽所能，我们肯定能睡得更安稳。我们不知道将来会发生什么，但我们可以努力建设一个更美好的今天。所以，我们是否应该因为这么做有利可图，因为这样做让我们自己问心无愧，因为这样做可以确保所有人都能拥有更美好的未来而行动呢？

答案是肯定的。

后 记

感谢你拿起这本书。我想简要介绍一下这本书的写作方法，提供一些关于我与所讨论过的公司的工作关系的信息，并回答一些可能出现的一些关键问题。

长度和方法

无所不包的"鸿篇巨著"时代可能要结束了。进入我们生活的信息量有增无减。因此所有写作者都应注意，想要写作任何有深度且需要思考的主题都必须尽快把问题说清楚，尊重读者宝贵的时间。

我试图用几页纸把一些大想法的关键点（如气候变化的残酷数据）和策略（如公司如何与威胁商业成功的短期主义抗争）说清楚。《大转变》希望能够言简意赅地把新的运营方式的路线图提供给读者。我相信80/20法则，但我希望自己所传达的信息超出企业要作出"大转变"变化所需了解的80%。

因为这样的方法，本书的呈现方式并不是学术系列式的案例研究，需要你自己从中得出结论。相反，我的目标是为思考我们所面临的大挑战提供一个框架，也为企业提供策略来应对这些挑战并从中获益。

第268页

我使用的案例是为那些思想和策略提供支撑的脚手架。

没有一本书可以道尽这些策略对于每个部门而言意味着什么。所以我的目标是要以简练的方式创造一种紧迫感，提供一张路线图，连带着举几个已经开始进行"大转变"的公司的关键例子。

透明度

在《大转变》这本书中，我着重于改变企业和社会运作模式的三大力量，包括我们朝提升透明度所做的不懈努力。企业的业务和运营正在以管理者从未想过的方式向公共开放，所以我自己的企业也必须透明才能保持自己言行一致。我与所讨论过的企业中的20%都有过合作关系。

这些咨询角色是我得以管窥企业行为的独一无二的方式。我从这些关系中获得的知识让本书的战略和主题得以增色，但本书绝不是为了让任何客户从中盈利。但为了公开透明起见，在此我将对其进行简要概括。

本书中提到的大约145家企业（有些只是一带而过），其中有不少我曾经为之提供过咨询服务。我目前在金佰利、惠普以及联合利华（美国分部）的可持续发展咨询委员会做带薪顾问。在绿色实际公司咨询委员会做无薪顾问。我的公司目前正在进行的（或曾经做过的）咨询项目（有时候是演讲）所涉及的公司包括

波音、凯撒娱乐、可口可乐、宜家、强生、奥美、欧文斯科宁、
百事可乐、添柏岚和施乐。我也为包括泰华施、联邦快递和通用第269页
电气公司在内的多家公司工作组做过咨询。此外，我和美国普华
永道保持着持续的合作关系，这也使我参与了其中一些公司的咨
询项目。

　　本书中所提到的另一些公司，我为其员工、管理人员或客户
群体做过付费演讲。这些公司有：3M、克拉克环保、高乐氏、
帝亚吉欧、易趣、 福特汽车公司、日立、仲量联行、万豪酒店、
宝洁、思爱普、西门子、美国军方、沃尔玛、迪士尼和废物管理
公司。

回答几个关切的问题

　　关于目标受众和我讨论的公司的总体问题会在你阅读本书的
过程中显现出来。随着时间的推移，我听到了一些关于我第一本书
《从绿到金》的一些问题。

　　我不可能完全覆盖每个读者的行业或公司类型（公司规模、公
司文化、地理位置）。尽管如此，对战略和原则的良好讨论可以跨
越各种业务类型。一些最有用的商业书籍主要集中在一个部门甚至
一个公司。《大转变》试图从中提炼出经验和想法，让阅读本书的
管理者和影响者们可以将其灵活应用于自身的具体情况。

　　不过我经常被问到的一些关键问题还是值得一提的。首先，
在关于企业在环境和社会所作出的努力的讨论里，一些公司似乎会
反复出现，而这些公司往往是针对消费者（B2C）而非服务于企业

（B2B）的。这一点很好理解。

第270页

　　我的目标始终是找到我所归纳出的原则和策略的最佳案例。优秀的龙头企业并不会在行业内平均分布。绿色商业早期的参与者，即促成20世纪七八十年代注重环境监管合规浪潮的人，逻辑上来讲主要来自重工业（石油、矿业等）。但是今天，越来越多的消费品公司正在引领潮流，按照新的、对环境和社会有益的方式在经营。可持续发展的议程已经变得越来越宽泛，现已变成客户、员工和社区的核心问题。在任何领域，新的商业议程的领导者是他们本身，而我宁愿去讲一个令人信服的故事，也不要强迫实现商业部门间虚假的平衡。

　　此外，B2C和B2B之间的界限往往很模糊。快速消费品（CPG）巨头正在试图吸引消费者。但这些公司也必须回答沃尔玛、塔吉特和乐购等其他超市的问题。在环境问题上，这些商业客户提出的问题甚至比政府监管机构提出的更加尖锐。所以这些大型快速消费品公司将很深的企业间敏感性贯穿于组织中。

　　读者可能会提出的另一个顾虑是，这本书是专注于美国的。但其实除了美国企业，《大转变》也援引了其他国家企业的案例，如巴西、中国、法国、德国、荷兰、印度、日本、韩国、瑞典、瑞士、泰国和英国。而本书所涵盖的大多数企业，即便是设立在美国的企业，从其经营范畴来看都属于跨国企业，且其一半以上的收入往往来自本国以外。但是，对于有着全球化视野的读者来说，这似乎还不够。

第271页

　　这种美国倾向有几个原因。诚然，我是美国人，我的工作主要在美国或欧洲。但另一个问题是，一些地区缺乏领导者——或者至少是缺乏可辨识的、具有透明度的企业领导者。

最后的一个问题可能是，本书似乎没有对中小企业进行充分的叙述。尽管我拿来举例子的基本上是大企业，但是我所展现的，尤其是价值创造的手段，也同样适用于中小企业。省钱、降低风险、推动新产品或创造品牌价值的创新策略并不是只被大公司所独有。

即使如此，在改善环境和社会表现的举措上，大企业和小企业显然还是有些重要区别的。例如大企业可以对供应链施放的压力是独一无二的（虽然小公司可以在标准上升的情况下施加影响）。此外，大企业对政府政策的影响也是独一无二的。最后，这里的一些讨论一般都是针对上市公司的，通常是更大型的企业（但所有的公司都需要有投资者，即使这些财务利益相关者是家庭成员）。

我首要关注的是大公司，因为人类有很大的全球性问题亟待（第272页）
解决。我们需要规模来以实际的方式挪移乾坤。而现实是，无论当今世界的小企业雇佣多少员工，经济、环境和社会影响却与巨头息息相关。只有最大的200家公司有超过20万亿美元的收入，约占全球GDP的29%。正如那句名言所说，抢劫银行是因为里面有钱可抢。

我很高兴与大家分享我对商业中那些深刻变革的想法，我觉得这些改变是我们必须作出的，也是我们开始见证到的。我真诚欢迎各位参与到对你周围世界现象的讨论和解释中来。欢迎在www.

andrewwinston.com与我分享，或在我的推特账号@andrewwinston上与我交流。

借此机会，好好思索一下商业性质的大问题，团结起来，我们可以互相帮助实现大转变，为人类建设更加繁荣的未来。

附录A 可持续性
绿色战略的商业案例

我在第四章中所讨论的，管理我们面临的巨大挑战并想方设第273页法从中获利的观点对我来说越来越不现实。但是很重要的一点是，在我们为更大、更快的行动大规模造势之前，手边应该有最基本的逻辑。许多商人仍然怀疑这个追求是一个反公司的阴谋。这种想法简直是谬误。

考虑到这一切，让我们回顾一下基本的商业案例，这些案例本身就有很强的说服力。这里的主要观点基于我与丹·埃斯蒂（Dan Esty）合作的书《从绿到金》，还有《绿色恢复》。另外，我还提出了一个新的"统一理论"来总结公司将要承担的巨大压力（本书中我聚焦的三个方面——气候、资源和透明度——是这个模型的一部分）。首先，让我们快速浏览一下基本的绿色策略"武器库"。

价值创造表

第274页

《从绿到金》的核心框架之一是指出四个基本的创造价值的方法：通过收入增长和品牌成长来创造优势；通过削减成本和降低风

险来削弱缺点。在表A-1中，我总结了管理环境和社会业绩可以创造价值的具体方式。

表 A–1　来自环境和社会业绩的价值创造

	关键价值创造因素	简而言之……
收入	·新产品 ·不断增长的销售（"供应商的选择"） ·提高价格	赚更多钱
品牌	·产品差异化 ·客户忠诚度 ·员工吸引力和留职率	确保未来的资金
成本	·生态效益（更少的能源、水和废物） ·资产效率 ·保险成本	节约开支
风险	·供应链的可靠性 ·成本价格波动较小 ·业务可持续性和弹性	更可靠的资金
多品类	·商业模式创新 ·许可证经营和市场准入 ·先发优势	更高的商业价值

第275页

提高收入：满足新需求，创造新市场

　　我们先从优势开始。帮助客户减少影响并将他们因巨大挑战所带来的风险进行控制以推动销售。该战略几乎在任何部门都会起作用——包括建设和绿色建筑、电信、零售、消费品、能源、运输、银行、咨询等服务。许多公司已经制定了积极的目标并努力实现，增加环境友好型产品的销售（请参阅专栏"绿色产品销售"）。

领先企业现在将收入路径作为他们战略的核心。联合利华首席执行官保罗·鲍尔曼说："那些为社会作出贡献并把对社会有所贡献作为其整体商业模式的一部分的公司，将会非常成功。所以对我们来说，这是我们业务的加速器。"联合利华的核心战略"可持续生活计划"制定了到2020年将收入翻番且将其碳排放足迹减半的积极目标。鲍尔曼经常说公司并非是"尽管"在能源消耗减半的情况下达到这个崇高目标，而是"因为"能耗减半才能达到这一目标。

绿色产品和服务可以推动新的销售和收入增长，同时它们也有助于捍卫市场份额、维护您已拥有的客户群。在许多行业，向客户展示您能够妥善处理环境和社会问题已变得越来越重要。例如，科技巨头惠普收到的75%的意见征求书（RFPs）中包含询问绿色产品属性的问题。潜在客户会询问的问题包括产品能源效率、化学品和有毒物质，以及可回收利用的设计。这些意见征求书所代表的是惠普数十亿美元的利润，而这又取决于惠普是否有这样的环保诚意。[1]

绿色产品销售

第276页

许多公司会专门为其绿色产品制定收入增长目标。我曾与金佰利和强生公司合作，制定能够刺激可持续产品创造的内部标准。金佰利和强生都已建立更为严格的产品质量标准。每家公司让其产品经理确认更环保的产品占总销售的百分比，并对这些产品单独设立销售目标。

其他的一些公司已经公开了他们的目标，都很大。飞利浦所设的目标是未来收入的一半都将来自更环保的投资组合——而在2012年，飞利浦接近实现这一目标，绿色产品的销售额达到近150亿美元。东芝的目标是完成180亿美元"优质环保产品"的销售。2012年，宝洁公司的"可持续创新产品"的销售业绩超过了其设定的500亿美元的累计销售目标。自"绿色创想产品"项目启动以来，通用电气公司已经出售了约1000亿美元绿色创想产品和服务，其产品组合部分的增速是其余产品部分的两倍。[2]

品牌成长：建立无形价值、忠诚度和经营许可

品牌是个涵盖许多观点的概念：客户忠诚度和购买意向；吸引、留住最佳人才并使其参与的能力；积极的社区观念；许多其他无法很好地量化衡量的东西。所有这些无形资产（或间接价值）通常占公司价值的一大半。

软价值难以量化并不意味着它的价值很低——事实上并不低。惠普调查了IT高管、消费者和其他利益相关者，以更好地了解声誉建立的因素。公司约40％的声誉源自一系列因素，包括惠普的环境战略、循环利用举措、供应商责任、就业实践和社区参与。该公司的研究还将这些问题与诸如客户购买决定、员工招聘和留职这样的"重要业务"结合起来。[3]

吸引和留住人才的能力，这项价值创造因素可能是最重要的一点。宝洁的前首席执行官鲍勃·麦克唐纳这样复述他在商学院和本科院校招聘期间所听到的："无论我走到大学校园的哪里，人们总想

第277页

谈谈公司的目的，因为他们想效力于一家能在世界上有所作为的公司……其次，（他们会询问我们）可持续发展战略。"[4] 我从银行和咨询等服务型企业那里也听到过相似的例子。即便仅仅是在劳动力市场，潜在的员工也会问一些难以回答的问题。

我们不能总是完美估算品牌和参与度的价值。但要是没有员工、社区和顾客积极参与的意愿，公司将不可能盈利。

削减成本：从更少中获取更多

生态效率、成本削减的意义在于整个公司在运营范围内（包括建筑、信息科技、制造，以及车队和分配）减少能源使用、减少排废和节约用水。这些领域的投资回报可以很快，几个月就可以，不需要几年。公司削减成本的例子数不胜数：联合利华通过生态效益在四年内节省了3.95亿美元。从1994年到2005年，陶氏化学削减了40亿美元的能源成本，而其为之投资额却不到10亿美元——然后在接下来的8年里，陶氏化学通过能源削减又节省了20%的能源成本。自2005年起，沃尔玛将其分销车队的燃油效率提高了69%。[5] 这些所谓的渐进式变化的例子加起来有数十亿美元的价值。

第278页

降低风险：让业务、现金流更可预测

在老派的环境思维中，风险管理主要是为了遵守法律，或者是通过改变运营和改良产品来避免触规。但你也可以以更微妙的方式降低风险，比如投资可再生能源，来减少对价格波动十分剧烈的传统能源的依赖；或者你可以控制因极端天气而造成的商业社会不断加剧的风险；或者保护公司的"许可经营权"，这一由社区、员工和整个社会授予的真正的价值。

例如，在采矿界，表明你要把对土地和周边社区的破坏最小化的意图，然后在完成挖掘后修复该区域，就能将"开矿"和花费大量时间和金钱"试图开矿"区分开来。比如，韦丹塔（Vendanta）矿业公司受到印度当地社区的强烈抵制，多次未能获得建立铝土矿的许可。铝业巨头美铝公司采取了不同的方式在巴西建立和运营矿井。其中一个执行官说，公司"花了几年时间与当地社区合作，之后才建立了一个矿井，我们现在期待矿井能够运营 100年"。[6]

降低风险可产生短期利益，比如降低借款和合规成本（compliance cost），减少监管纠纷，降低收益流动风险（即投资者喜欢的稳定）。但是现在话锋转向对企业风险的更深层次的认识——热门术语是"恢复力"，一个不断延伸的问题是，"我们的业务有什么重大风险？"（有关这些问题的更多信息，参阅第十四章。）

价值创造的这四个方面交互重叠。比如，PNC银行一直在以惊人的速度建设绿色分行，所有都有LEED认证（美国绿色建筑委员会的一种评级体系，更绿色环保的建筑）。此类建筑可通过减少对不可预测的定价能源的依赖而减少现行运营成本，并降低风险（PNC有一个净零分支机构，可产生比它所需的更多的能源）。建筑物还通过迎合客户的价值观来提高品牌价值，从而带动更多的销售。当PNC将其LEED分行与常规分行进行比较时，发

第279页

第280页

现LEED分行的每名员工每年的收入比普通分支机构高出46.3万美元。这便是环保建筑物的投资回报。[7]

整合的底线

表A-1中列出的四个主要价值水平——收入、品牌、成本和风险——并不新鲜。但对大多数高管来说，比较新鲜的是认识到应对巨大挑战实际上是以这些传统方式创造价值，而这也是形成大转变思维的关键。公司顾问兼思想领袖亨特·罗文斯是第一批看到这个深刻真相的人，并将可持续发展的商业案例践行了30年。最近，她制定了一种称为"整合的底线"的策略，使"管理者能够使用更可持续的做法构建核心业务价值，将可持续发展融入到提高股东价值的各个方面"。[8]

总体视图

可持续发展战略的部分商业意义是：公司没有太多的选择——他们面临管理环境和社会问题的巨大压力。这种压力主要来自三个方面：对组织施加具体压力的主要利益相关者，世界运转的构造转变以及生物、物理和社会的可持续发展挑战（从气候变化到全球不平等）。

利益相关者的压力

《从绿到金》提供了一个框架，用以思考在五个组别中的20个不同的利益相关者类别。[9]但是在我更新的三个层面的模型中，我将着重于六个关键的利益相关团体：

商业客户。企业向供应商提出了越来越多的问题，并且正在设定比政府要求更严格的自我标准（见第十一章"事实管制"专栏）。

消费者。人是充满矛盾的，但对他们所购买的东西背后的故事（这里面有什么，是谁生产的，等等）变得更为关注。

第281页

政府和非政府组织。这两组规则制定者扮演了监管角色。

投资者。一些提供资金的机构，特别是其中有长远视野的机构，越来越关心巨大挑战所带给公司的风险（及其盈利）。

雇员。尤其是兴起的新千禧一代。现在的工人对公司要求更多，因为他们要在工作中寻找意义。

了解这六类人，他们想要什么以及如何最好地与他们合作，对于实现大转变是至关重要的。你的最大的利益相关者设定的期望正在快速上升——满足他们的需求，否则你将面临脱离现实的风险。

构造转移

世界运转模式的四重变化正全面横扫商界和社会。第一，随着世界范围内的客户需求越来越趋同，资本和人才可以自由流动，世界正变得越来越全球化。第二，由于科技允许每个人分享更多的信息（这是"更开放"部分），一切都越来越透明化。第三，数亿的新消费者正在上线，创造了新的全球化中产阶级（不断增长的需求是"稀缺"的关键部分）。这种需求增长给我们所有资源和地球支撑结构（空气，水，气候）带来了很大的压力。世界现在正投资重金打造清洁经济——第四次结构性变革。

可持续发展问题

第282页

最后，有一组压力解释了我们为什么讨论所有这一切——利益相关者非常关心的一系列环境和社会挑战问题以及结构性变革可能会变得更糟或更好。从这个简单的角度来看，当今企业所面临的问题——气候（我们议程中的"更炎热"的部分）、水、有毒物质、废物和生物多样性，构成了环境方面的五大问题。社会层面的问题很多，但我认为公平（收入、性别、种族、地理）、劳动、自由和福利占了很大的比例。这些问题是广泛的、棘手的，既是地方性的也是全球性的。

核心问题是，这些重大的社会挑战现在已经提上了商业议程。政府，特别是美国政府，在很大程度上是功能失调的。为应对气候变化而每年召开的世界领导人全球会议（写到这里已经是第19年了）基本上没有达成任何一致。现在私营部门说了算。商界能通过管理技能、资源（搁置一旁的万亿现金）和创新能力来解决这些问题。我们被要求带头，这是一件好事。能为客户解决这么多问题的公司将大大获利。

图A-1展示了一个企业在努力管理环境和社会问题时，各种压力是如何相互作用的。[10] 想象一下，旋转三个轮子，从每个轮子上排列出一个主题或每个阶段的问题，并探索它们之间的相互作用。例如，看一看在图的十点钟方向的问题。考虑利用透明度工具的企业客户对供应链层面上关于化学品和有毒物质的更多信息的需求是什么样的。这个特定的互动已经在零售商的一些例子中显现出来，比如像双酚A这样的化学品，塑料中的邻苯二甲酸酯，还有电子学中的某些毒素等。旋转此轮，考虑问题如何随着时间的推移而展开，而赢家输家又各会是谁。

第283页

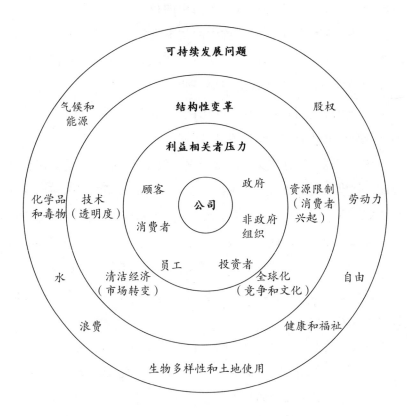

图 A-1　力轮

关键原则

第284页

　　许多公司已经采纳了《从绿到金》议程的一部分或绝大部分，并正在尝试参与清洁绿色运动（其关键原理见表4-1）。正如我在《绿色恢复》中所写，企业领袖正变得越来越精简、聪明、专注、有创意。这些公司已经发展出一些可识别的属性：

　　价值感知。除了节省成本的举措和降低风险的努力，现在很多公司正在寻求其他有价值的领域，宣传他们的可持续发展故事来建立自己的品牌，在产品层面上进行创新从而带动收入。它们越来越开始意识到将环境和社会问题管理好所带来的好处。

　　生态高效。企业因为变得精简而节省了数十亿美元，而且多数是通过达到正常标准的项目。

　　重视价值链。领导者正跳出"围墙"来理解影响、风险以及上至供应商下至客户的机会。他们开始闭合系统，更多地使用可回收材料，并进行创新来提供帮助客户减少环境影响的产品和服务。

　　数据导向。公司越来越聪明，如果确切的数字不可用或收集起来成本太高，他们就会找到对他们产生最大影响的方面是什么（即他们价值链的热点在哪）。

　　风险规避（预防）。这个议程大部分仍然集中在降低风险，特别是降低法律和合规风险。鉴于我们面临的挑战的规模，健康的风险规避大有帮助，如果不能降低风险，那么弹

第285页

性又是什么呢？

员工参与。当公司要求员工让运营变得更绿色环保，为更大的使命做贡献时，这就激发并鼓舞了员工队伍。

协作（从根本上尚未存在）。越来越多的公司从对竞争对手和外部组织（非政府组织）的战争心态转变为以一种休战的心态来共同应对更大的挑战。

更透明化。我的研究表明，世界上最大的200家公司中有89%现在已经形成某些形式的环境和社会绩效报告。这一做法已经成为常态，众多公司每年都在与外界分享更多数据。

这些都是伟大的进步，但从现实来说，大公司仍然在以一种次于生产的方式看待环境和社会问题。我打过交道的大多数高管都认为可持续发展是非必需的、渐进的、聚焦短期的（主要是生态效率产生的利润），或许还是理想主义和幼稚的。他们可能已经让专人去负责应对大的环境挑战，或至少使公司更有效率，不易受到攻击。但这些可持续发展部门的高管往往远离群众并且人手严重不足、资金严重短缺，他们要努力建立起能够打破组织壁垒、在整个组织内产生影响的方式。对于许多公司来说，这些问题只是一个可勾选的选项，而不是价值和创新的核心驱动力。

即使公司充分采纳了《从绿到金》的议程，采纳了一种更具合作性和创新性的价值链的视野并奉行了四种创造价值的战略，也不足以应对今天的巨大挑战。弥合我们目前的状态和未来目标之间的差距对于实现大转变而言至关重要。

附录B　设置科学的目标

我意识到这里的讽刺意味，设定科学的目标确切来说并不总是
一门精确的科学。当我们在处理像气候这样非常复杂的问题时，要
准确了解我们所面临的限制并不容易。而正确的目标，特别是企业
层级的正确目标，将根据问题而有所不同。

以水为例，我们对于可供地球上人类使用的水的总量有很好的
了解。但当运营目标被制定时，全球局势并不真的重要；每个水域
的现实情况将决定正确的目标为何。就碳而言，几乎完全相反，我
们真正关心的是全球排放的碳分子总数。

所以让我们从碳着手，在这方面我们所需的科学的目标是最
关键的。全球碳预算越来越清晰。正如第一章中所讨论的，像碳
追踪器、麦肯锡和普华永道这样的组织都使用政府间气候变化专
门委员会的数据来估计为减少破坏性的气候变化影响的几率，我
们所必须实现的变革的速度。

总之，世界总的碳强度——我们所创造的每一美元GDP所产生
的碳排放总量——需在可预见的未来以每年6%的速度下降。但这
对于单一企业而言意味着什么？这就是它的棘手之处，目前缺乏一
个类似于碳市场的机制让任何一家私人企业定下自己的碳排放量预

算，而这种状态的存在甚至不是政治或经济上的原因。这只是在数学上有些棘手和复杂，这就是为什么我说它并非精确的科学，但是也已经非常接近了。

现在制定公司层面的碳预算（目前在自愿基础上实现的事）的最好方法是从公司对全球GDP的贡献度或占全球GDP的百分比开始。所以，简而言之，全球GDP约为75万亿美元，一家收入为750亿美元（相当于现代汽车或者家得宝公司规模）的公司，其预算约为碳排放总量的0.1%。

有几个很好的工具可以帮助公司更深入地挖掘，从公司对全球GDP的贡献度开始，然后查明我们需要的全球减排量，再制定出公司层面的碳排放目标。首先请查看欧特克的"实现气候稳定目标的公司财务方法"，简称C-FACT（参见https://www. autodesk. com/sustainability/overview）。

另一个十分有用的工具是马克·麦克埃尔罗伊的可持续发展组织中心（Center for Sustainable Organizations）提供的。麦克埃尔罗伊的方法开始于公司"对GDP的增值贡献"，这在会计和经济学中有具体的定义，这为世界各地的增值税提供了依据。他的网站提供了一个非常方便（和免费）的电子表格，该表格比较了单个公司对于全球的增值贡献和排放量（参见http://www. sustainableorganizations. org/context-based-metrics-public-domain/）。

作为经济体的一部分，商业社会以及公司个体都需要在2050年之前达到减少绝对碳排放量的80%到85%，并以每年6%的速度削减碳强度的全球目标。每家公司都应该按照这一目标调整自己的目标，来反映自身的预期增长率。

　　这里介绍的工具可以产生令人惊讶的结果：如果你发展得足够快，你的预算实际上可能会允许碳排放的增长。虽说这种想法很危险，因为全球的碳排放量在持续增长而我们需要的是快速减排，但这里有一个内在的逻辑。一些部门，如信息科技，只要它们帮助其他的部门减少碳排放，则自身可以有更多的增长。

　　所以这里的简单方法是从每年碳强度减少6％的目标开始，然后考虑你公司的预期增长（老实说，并没有"曲棍球棒式"大转折、你会在自己的行业内占据主导地位的预期）。把你自己的增长与否考虑在内，你可以设置绝对目标。

　　虽是这么说，我们也有足够多的理由来制定超出预算的目标。更高的目标可以更好地推动创新，激发你的团队和客户。想想一个百分之百用可再生能源为你的企业提供支持的目标——一个可以降低成本、降低风险、建立品牌价值、增强弹性的目标。

　　接下来，让我们快速评估一个科学的目标可能是什么样的。更准确地说，也许我们应该称之为"基于现实的"，因为科学并不总是能够清楚地解释每个问题。

　　一个基于现实的关于水的目标应该从"水中立性"（water neutrality）开始。但这也可能夸大了某些地方的需求。你应该看看你所运营的每个主要的水域，然后制定一个企业范围的中立目标。如我在第六章中提到的那样，你可以找些辅助工具，比如世界资源研究所"测量和绘制水风险"的"水道"。公司可以使用这些预测来为他们的设备设立目标。但这里有一个大的警告：如果区域内从

第290页

工业、农业到市政的其他主要水用户不按同一"战略手册"行事，那么在一个区域内设立你自己的水目标就会收效甚微。所以你确实需要设定一个区域的目标，且进行合作。

一个基于现实的关于有毒物质或化学品的目标是非常具有挑战性的。这是一个雷区，有些物质需要零目标，例如汞、铅以及现在的全球变暖气体如氢氟碳化物。而对其他化学品而言，这既取决于它对人与环境的科学意义上的伤害，也取决于公众认知以及客户需求等非科学的现实。回到第十一章关于事实管制的内容，当像沃尔玛这样的零售业巨头表示，它希望在消费品中大大减少或消除10种化学品的使用，想想这对一些产品的生产商意味着什么：这样一来，让这些化学物保持"零含量"不就成了他们生产产品时的最佳目标了吗？

关于有毒物质总会有很大的争论，我注意到，当我们听到某些物质及其对人类健康或生态系统的影响的担忧时，这些担忧几乎不会消失。早期的科学可能会建议，我们限制特定物质的摄入量，例如铅、汞，现在是双酚A和邻苯二甲酸酯。后来的科学则对一些物质下了彻底的禁令，一个类似的案例是现在美国政府彻底禁止反式脂肪。所以我建议，在人们关注的化学品上设定非常积极的目标，走在规章制度和消费者需求之前，是可以形成竞争优势的。

像废物处理这样的问题并不完全是科学的，但在一个资源紧张且重视循环经济的世界，零填埋废物目标在逻辑上是说得通且有事实根据的。

开采像森林和渔业这样的自然资源是有一套科学的可持续标准
的。所以科学的目标可能是100%购买经过认证的产品。

第291页

让我们转向社会议题，我们显然没有那么有力的科学标准。但
健康和保健有一些可量化的基础。许多大的食品公司在制定减少盐
分、糖分和饱和脂肪的标准时，往往基于政府和学术研究所建议的
每日摄入量和营养指南。

继续讲社会议题，我们可以根据人们在不同地区生存所需成本
的数据和"科学"来制定人们的基本工资。而工作场所零死亡这样
的安全目标就只是道德问题了。

总而言之，除去第六章中的故事和示例，这里还有一些公司公
开设立的基于现实的目标的实例（你可以在www.pivotgoals.com找
到以下目标，还有数千个其他目标）。

- 到2013年，（三星）将温室气体排放强度降低50%（相
较2008年排放量）。这远远超越每年6%的目标。

- 到2015年，（通用电气）将绝对排放量减少25%；到
2020年，（富国银行）将绝对排放量减少35%。

- 到2025年，（日立）将产品和服务方面的年度二氧化
碳排放量减少1亿吨。在其报告中，日立特别提到政府间气
候变化专门委员会的数据和其目标的科学依据。

- 到2050年，（乐购）要成为零碳企业。

- 到2050年，（日产）将新车辆的"从油井到车轮"过程
中的二氧化碳排放量减少90%。

第292页

- 只使用可再生能源（苹果、沃尔玛、宝洁、联合利华、宝马——这些都是开放式目标）。

- 到2020年，（可口可乐）将生产用水进行100%再生补充。

- （克罗格）在所有公司品牌的灌装产品生产线中去除双酚A。

- 消除垃圾填埋场废物（许多公司都设有该目标），或"完全关闭所有资源的循环，并将产品生命周期内的浪费降到零"（本田公司设定的开放目标）。

- 到2015年，（克罗格）计划100%从通过MSC认证或参与了世界野生动物基金会渔业改善项目的渔场中采购野生物种捕捞名单上前20的鱼类。

- 确保100%的儿童产品（销售价值）符合雀巢营养基金会的钠标准（雀巢）。

- 每年更新基本工资水平，调整低于这些水平的员工的薪资（诺华）。

这里的底线是我们不能再自下而上地为环境和社会业绩设定目标（我们的组织认为他们能完成的目标），或纯粹地将我们的目标与同行目标进行比较。在水资源或碳排放的竞争中你做得如何并不是这些关键问题的重点。我们需要尽可能多的在科学标准之外实现我们所设定的目标。

注　释

导语

1. 参见 Gandel, Stephen, "How Con Ed Turned New York City's Lights Back On," Fortune CNNMoney, November 12, 2012, 爱迪生电气公司在那一周和随后所经历的一切，包括 5.5 亿美元的花销，其市值蒸发了 20 亿美元，在接下来的几个月中又涨了回来。但到 2013 年年底，该公司的价值又跌至风暴后的水平。

2. "Hurricane Sandy's Rising Costs," editorial, New York Times, November 27, 2012.

3. 这一点的科学解释很怪异。大多数数据认为气候变化增加了极端天气的可能性。美国国家航空航天局的吉姆·汉森（译者注：气候学专家）用装了铅的骰子来做比喻。比如，当大气中的含水量增加后，每一次风暴发生时后果很可能更严重。其他的比方包括那些总是超速或者在驾驶的时候发信息的人更容易发生事故，用于解释气候变化是否增加了极端天气发生的模型变得越来越具体。2013 年美国国家海洋与大气管理局发布了 2012 年天气的一系列报告，报告的结论是"由于人类引起的气候变化会使得类似于 2012 年美国所经历的极端高温天气发生的可能性增加四倍"。该机构不愿意把"桑迪"飓风直接与气候变化挂钩，但表示，类似于"桑迪"飓风的天气现象较 60 年前将增加两倍，"当前的自然和人类引起的海平面上升会使'桑迪'级别的洪水未来会更加频繁地发生"。参见 Kenneth Chang, "Research Cites Role of Warming in Extremes," New York Times, September 5, 2013。

4. Manny Fernandez, "Drought Takes Its Toll on a Texas Business and a Town," New York Times, February 27, 2013.

5. Kate Galbraith, "Getting Serious about a Texas-Size Drought," New York Times, April 6, 2013; Aman Batheja and Kate Galbraith, "Urging Government Action on Water, Roads and Power in Texas," New York Times, May 16, 2013.

6. Vikas Bajaj, "Fatal Fire in Bangladesh Highlights the Dangers Facing Garment Workers," New York Times, November 25, 2012; Associated Press, "Bangladesh Ends Search for Collapse Victims; Final Toll 1,127," USA Today, May 13, 2013.

7. Steven Greenhouse and Jim Yardley, "Global Retailers Join Safety Plan for Bangladesh," New York Times, May 13, 2013; 在这一情况下,美国公司落后于欧盟零售商。一些人说这关乎责任,而美国的情况更糟。美国大型零售商随后在 2013 年 8 月成立了自己的组织。参见 Mike Hower, "Walmart, Gap Detail Bangladeshi Worker Safety Coalition Plan," Sustainable Brands, August 23, 2013, http://tinyurl.com/o5k8xrg.

8. Mehmet Oz, "The Dangerous Sopranos Diet: Why Wise Guys Need to Watch Their Weight," Time magazine, July 8, 2013。

9. Damian Carrington, "Australia Adds New Colour to Temperature Maps As Heat Soars," "Damian Carrington's Environment Blog," Guardian, January 8, 2013, http://tinyurl.com/b9ulchf.

10. 关于风暴强度, Alan Boyle, "Typhoon Haiyan Pushed the Limit, but Bigger Storms Are Coming," NBC News, November 11, 2013, http://tinyurl.com/kzqduk5; 关于 6 级风暴的提议, Stéphane Foucart, "Scientists Call for the Addition of a Step in the Classification of Cyclones," Le Monde, November 11, 2013, via Google Translate, http://tinyurl.com/m78vcg4。

11. Matt Sledge, "Hurricane Sandy Shows We Need to Prepare for Climate Change, Cuomo and Bloomberg Say," Huffington Post, October 30, 2012, http://tinyurl.com/8q8u7n7.

12. Dan Akerson, interview by Geoff Colvin, "Transcript: GM CEO Daniel Akerson at Brainstorm Green," Fortune CNNMoney, April 30, 2013, http://tinyurl.com/k4oh6wt.

13. Nick Mangione, "Mother Nature and Her Pal Sandy Beat Us Up, Took All Our Lunch Money," msnNOW.com, June 14, 2013, http://tinyurl.com/mpgh4gx.

14. Tim Hume, "Report: Climate Change May Pose Threat to Economic Growth," CNN.com, October 30, 2013, http://tinyurl.com/jw9fqkb.

15. "Cotton Prices at All-Time High; Luxury Bedding Retailer, Elegant Linens, Encourages Consumers to Educate Themselves, Discern Quality Egyptian Cotton from Imitators," PRWeb.com, June 4, 2011, http://tinyurl.com/m9khdtm.

16. 关于可口可乐的数字, 参见 Reuters, "Commodity Costs May Affect Fourth Quarter for Coke," New York Times, October 18, 2011; 关于泰森, 参见 Ken Perkins, "Sizing Up the Drought's Impact on Tyson Foods," Morningstar, November 14, 2012, http://tinyurl.com/l26gs4n。

17. 关于清洁经济投资的数字, 参见 Ron Pernick, Clint Wilder, and Trevor Winnie, "Clean Energy Trends 2013," The Clean Edge, Inc., March 2013, http://tinyurl.com/kb7lucv, chart, p. 3, which shows $248 billion in 2012。

18. John Kotter, "Accelerate!" Harvard Business Review, November 2012.

19. Nassim Taleb, Antifragile: Things That Gain from Disorder (New York: Random House, 2012).

20. George Carlin, "George Carlin on the Environment (HQ)," video, YouTube, 7:39, posted by "candidskeptic," uploaded April 22, 2009, www.youtube.com/watch?v=E-jmtSkl53h4.

21. Erin Brodwin, "Sans Protective Measures, Flooding Damage Could Cost the World $1 Trillion by 2050," Scientific American, August 21, 2013, http://tinyurl.com/k23378p. See also a chilling article on the sinking (sorry) prospects for cities like Miami: Jeff Goodell, "Goodbye, Miami," Rolling Stone, June 20, 2013.

22. Richard Branson, quoted in "The Situation," Carbon War Room website, accessed October 3, 2013, http://tinyurl.com/khpbetg.

第一部分

1.Richard S. Tedlow, "The Education of Andy Grove," Fortune, December 12, 2005.

第一章

1. Michael Grunwald, "Sandy Ends the Silence," Time magazine, November 7, 2012.

2. Ken Caldeira, "How Far Can Climate Change Go? How Far Can We Push the Planet?" Scientific American, August 27, 2012, http://tinyurl.com/m5cev79.

3. "Confronting Climate Change in the U.S. Midwest," Union of Concerned Scientists (July 2009): 5.

4. Caldeira, "How Far Can Climate Change Go?"

5. Beth Gardiner, "We're All Climate-Change Idiots," New York Times, July 21, 2012.

6. Rodolfo Dirzo et al., Scientific Consensus on Maintaining Humanity's Life Support Systems in the 21st Century: Information for Policy Makers, introduction (Stanford, CA: Stanford University, May 21, 2013), iii.

7. Bill McKibben, "Global Warming's Terrifying New Math: Three Simple Numbers That Add Up to Global Catastrophe—and That Make Clear Who the Enemy Is," Rolling Stone, July 19, 2012.

8. Eric Beinhocker et al., "The Carbon Productivity Challenge: Curbing Climate Change and Sustaining Economic Growth" (McKinsey Global Institute, July 2008), 这

些数据在网上的报告总结中都可以获取，参见 http://tinyurl.com/meokzhh。

9. PwC, "Too Late for Two Degrees? Low Carbon Economy Index 2012," PricewaterhouseCoopers, November 2012, http://tinyurl.com/c3ua5d4.

10. Justin Gillis, "Climate Panel Cites Near Certainty on Warming," New York Times, August 19, 2013.

11. 关于政府间气候变化专门委员会（IPCC）的非科学角度解读，参见 T. F. Stocker, D. Qin, et al., "Summary for Policymakers," in Climate Change 2013: The Physical Science Basis. Contribution of Working Group I to the Fifth Assessment Report of the Intergovernmental Panel on Climate Change (Cambridge University Press, Cambridge, United Kingdom and New York, NY, USA), IPCC, 2013。像麦吉本那么具体的 5650 亿吨二氧化碳的数字部分是来自于气温上升 2℃ 的概率。麦吉本的数字来自"碳追踪器"基于 IPCC 报告的分析，最近的数据于他的文章发表后的一年公布。此处引用的 IPCC 报告关于碳预算的内容是 "Limiting the warming caused by anthropogenic CO_2 emissions alone with a probability of >33%, >50%, and >66% to less than 2℃ since the period 1861–1880, will require cumulative CO_2 emissions from all anthropogenic sources to stay between 0 and about 1570 GtC (5760 $GtCO_2$), 0 and about 1210 GtC (4440 $GtCO_2$), and 0 and about 1000 GtC (3670 $GtCO_2$) since that period, respectively ⋯ An amount of 515 [445 to 585] GtC (1890 [1630 to 2150] $GtCO_2$), was already emitted by 2011."（以上为原文）因此如果我们想要把温度上升 2℃ 的可能性控制在 2/3，在 2100 年以前我们可以排放的量只剩 4150 亿吨。但把这一数字与麦吉本的数字比较很怪异，原因有三点：① IPCC 的数据是碳方面最近常被引用的数字（尽管他们的一些报告也涉及二氧化碳），其他的如碳追踪器和普华永道的数字是基于二氧化碳的计算（对化学家而言，二氧化碳的重量是碳的 3.67 倍）；② IPCC 计算的是到 2100 年能排放的二氧化碳的量，麦吉本的文章所用的数字是到 2050 年还能排放的二氧化碳量；③我相信麦吉本所用的碳追踪器的假设情况是把温度上升 2℃ 以内的可能性控制在 80%，而不是 2/3。说了这么多，根据一些同事的详细分析，包括普华永道的《低碳经济》报告，我得出的结论，我们需要改变碳强度的速度是每年 6%。

12. International Energy Agency, World Energy Outlook 2012, executive summary International Energy Agency, 2012, 3, http://tinyurl.com/d49a55v.

13. John Fullerton, "The Big Choice," "Capital Institute: The Future of Finance," July 19, 2011, http://tinyurl.com/kv4u6zn.

14. "The 3% Solution," World Wildlife Organization, 2013, http://worldwildlife.org/projects/the-3-solution.

15. "Extreme Weather Events Drive Climate Change up Boardroom Agenda in 2012," Carbon Disclosure Project, November, 2012, http://tinyurl.com/klk4pcu.

16. "Global 500 Climate Change Report 2013," CDP, September 15, 2013. The vast majority of the world's largest companies now respond to the CDP questionnaire.

17. 全球 2500 亿美元的投资来自 Ron Pernick, Clint Wilder, and Trevor Winnie, "Clean Energy Trends 2013," The Clean Edge, Inc., March, 2013, http://tinyurl.com/kb7lucv。沙特阿拉伯数据来自 Wael Mahdi and Marc Roca, "Saudi Arabia Plans $109 Billion Boost for Solar Power," Bloomberg, May 11, 2012. South Korea data from Jonathan Hopfner, "In South Korea, Going for the Green," New York Times, November 10, 2010。中国数据来自《可持续企业新闻》(Sustainable Business News), "China Invests $372B to Cut Pollution, Energy Use," August 27, 2012, GreenBiz, http://tinyurl.com/n8elyhg. 日本数据来自 "$628 Bln Green Energy Market Central to Japan Growth Strategy," CleanBiz.Asia, July 12, 2012。

18. "German Solar Power Plants Produce 50% of the Nation's Electric Energy on Saturday," Wall Street Journal Market Watch, May 26, 2012; Anders Lorenzen, "Breaking: Denmark Records Highest Ever Wind Power Output," A Greener Life, A Greener World, March 17, 2013, http://tinyurl.com/bulyx26; Chris Meehan, "Almost 50% of all New US Energy in 2012 Was Renewable," SolarReviews, August 23, 2013, http://tinyurl.com/mbemeb6; "Renewables 2013: Global Status Report," Renewable Energy Policy Network for the 21st Century, 2013; Chen Yang, "Wind Power Now No. 3 Energy Resource," People's Daily, January 28, 2013, http://tinyurl.com/agxa98m.

19. "Growth of Global Solar and Wind Energy Continues to Outpace Other Technologies," Worldwatch Institute, July 30, 2013, http://tinyurl.com/les34n7.

20. Robert Strohmeyer, "The 7 Worst Tech Predictions of All Time," TechHive, December 31, 2008, http://tinyurl.com/kpt2ybc.

第二章

1. Jeremy Grantham, "Time to Wake Up: Days of Abundant Resources and Falling Prices Are Over Forever," The Oil Drum, April 29, 2011, www.theoildrum.com/node/7853, exhibit 3.

2. 关于交易伙伴的信息，参见 Tayyab Safdar, "China's Growing Influence in Africa," Express Tribune, August 29, 2012, http://tinyurl.com/lnajwde. 关于史密斯菲尔德食品公司的收购信息，参见 Michael J. DeLaMerced and David Barboza, "Needing Pork, China Is to Buy a U.S. Supplier," New York Times, May 30, 2013, 以及 "Smithfield Foods Closes Sale to China's Shuanghui," Associated Press, September 27, 2013。

3. 关于中产阶级的数量 , Helen H. Wang, "Half a Billion Opportunities for U.S.

Businesses," Forbes, November 30, 2012, http://tinyurl.com/bu2h5n5；关于网上销售记录, ShanShan Wang and Eric Pfanner, "China's One-Day Shopping Spree Sets Record in Online Sales," New York Times, November 12, 2013。

4. 弗雷泽·汤普森（麦肯锡全球研究所），与作者的邮件交流, 2013 年 8 月 8 日。

5. Grantham, "Time to Wake Up," exhibit 4.

6. "CEO Concerns about Energy and Resource Costs at Highest Level for Three Years," PricewaterhouseCoopers UK press release, December 10, 2012.

7. Joe Romm, "Jeremy Grantham Must-Read, 'Time to Wake Up: Days of Abundant Resources and Falling Prices Are Over Forever,' " Climate Progress, May 2, 2011, http://tinyurl.com/m4q29va.

8. U.S. Department of the Interior, US Geological Survey, "The World's Water," accessed November 13, 2013, http://tinyurl.com/ycszcob.

9. "Water in 2050," Growing Blue, accessed November 16, 2013, http://growingblue.com/water-in-2050/. See also, "Sustaining Growth via Water Productivity: 2030/2050 Scenarios," Veolia Water and International Food Policy Research Institute, accessed November 16, 2013, http://tinyurl.com/lh5wbzs.

10. Andrew Winston and Will Sarni, "Is Water the Next Carbon?," Harvard Business Review Blog Network, January 3, 2011.

11. Royal Dutch Shell PLC, "Addressing the Energy-Water-Food Challenge," accessed November 13, 2013, http://tinyurl.com/mdcb5y4.

12. 能源浪费的数据来自对美国能源信息数据的统计, John Tozzi and David Yanofsky, "U.S. Energy: Where It's from, Where It Goes, and What's Wasted," Bloomberg, July 7, 2011, http://tinyurl.com/6hvljzp; 关于食物浪费，参见 "UN: $750B in Global Food Waste per Year," Aljazeera America, September 11, 2013, http://tinyurl.com/on5m78v. 关于图 2-2 的数据，参见：美国 40% 的玉米用于生产生物燃料, Mariola Kopcinski from FMC Corp. (presented at the Wharton IGEL Conference on the Nexus, Philadelphia, Pennsylvania, March 21, 2013); 16% 的美国能源, Shelly K. Schwartz, "Food for Thought: How Energy Is Squandered in Food Industry," USA Today, May 1, 2011, http://tinyurl.com/mgxa9cv; 13% 的电力, "The Water Energy Connection," National Environmental Energy Week, http://www.eeweek.org/water_and_energy_wise/connection; 70% 的水, "Water Uses," Aquastat, Food and Agriculture Organization of the United Nations, accessed November 16, 2013, http://tinyurl.com/krlf8x9; for 16 gallons of water, "How Big Is Your Water Footprint?," Technicians for Sustainability, LLC, accessed November 16, 2013, http://tinyurl.com/lggddyk。

13. Andrew Zolli and Anne Marie Healy, Resilience: Why Things Bounce Back (New York: Simon & Schuster, 2012), 2.

14. Ariel Schwartz, "Whoops, Humans Officially Blew the Planet's Budget This Week," Fast Company, August 22, 2013, http://tinyurl.com/kv34o5d; "Earth Overshoot Day," FootPrint Network, last updated August 20, 2013, http://tinyurl.com/kwwkezx.

15. "Global Agenda Survey 2012," World Economic Forum, 2012, http://tinyurl.com/axz9r67; and "World Economic Forum Global Risks 2013," World Economic Forum, 2013, http://tinyurl.com/mr3fvt5.

第三章

1. Bill Pennington and Karen Crouse, "Attention, Second-Guessers: Golf Takes Calls (and Texts)," New York Times, April 13, 2013. See also Michael Bamberger, "The Story behind Tiger's Ruling at the Masters: How One Man Called in a Penalty and Saved Woods from Disqualification," Golf.com, May 1, 2013.

2. 参见这三个 Change.org 的请愿书: Paul Kalinka, "Dunkin Donuts: Stop Using Styrofoam Cups and Switch to a More Eco-Friendly Solution," accessed October 30, 2013, http://tinyurl.com/cl85v84; Park School Paper Club, "Universal Pictures: Let the Lorax Speak for the Trees!" January 2012, http://tinyurl.com/l67umkq; Mr. Land's "Kids Who Care" from Sun Valley School, "Crayola, Make Your Mark! Set Up a Marker Recycling Program," June 2013, http://tinyurl.com/8fjhsa8。

3. Julie Bosman, "Chevy Tries a Write-Your-Own-Ad Approach, and the Potshots Fly," New York Times, April 4, 2006.

4. Walmart, "Walmart Announces Plan to Raise Inspection Standards and Provide Full Transparency on Safety Conditions at All Factories in Its Bangladesh Supply Chain," press release, May 14, 2013, http://tinyurl.com/bdpz76f.

5. Todd Woody, "I.B.M. Suppliers Must Track Environmental Data," New York Times Green Blog, April 14, 2010. See also Andrew Winston, "IBM's Green Supply Chain," HBR Blog Network, July 19, 2010.

6. Jonathan Klein, "Why People Really Buy Hybrids," Topline Strategy Group, 2007, http://tinyurl.com/6szjnpf.

7. Dara O'Rourke (Good Gu Guide), speaking at Sustainable Brands 2010, Monterey, CA, June 7, 2010.

8. 网站上每分钟的数据，"May 2013 Web Server Study," Netcraft.com, http://tinyurl.com/kgp2c9c; for app downloads, "Visibility for Your Apps," Android website, accessed November 11, 2013, http://tinyurl.com/l4wy4t9; 脸书上的点赞和评论，"The Power of Facebook Advertising," Facebook website, accessed November 11, 2013, http://tinyurl.com/

mdwh8hn; 关于脸书中 18~34 岁用户的习惯，Cara Pring，"100 Social Media Statistics for 2012," The Social Skinny, January 11, 2012, http://tinyurl.com/6maw6jd; 关于视频分享网站的上传数据，视频分享网站，"Statistics," accessed November 11, 2013, http://tinyurl.com/capjhx8; 关于推特的数据, Hayley Tsukayama，"Twitter Turns 7: Users Send Over 400 Million Tweets per Day," Washington Post, March 21, 2013, http://tinyurl.com/kx6ch6b; 关于短信的数据，Wayne Balta (IBM), speech at World Environmental Center Gold Medal Gala, Washington D.C., May 9, 2013。

9. Rebecca Smith，"Utilities Try to Learn from Smart Meters," Wall Street Journal, September 22, 2013.

10. Balta, speech at World Environment Center Gold Medal Gala.

11. Bart King and Mike Hower，"AT&T, Carbon War Room Say 'Internet of Things' Can Cut Emissions by 19%," Sustainable Brands, February 27, 2013, http://tinyurl.com/mjm3jfw.

12. HP ad, Washington Post, April 9, 2013; 萨利姆·范·格罗努，与作者的电子邮件往来，2013 年 8 月 22 日；克里斯·里不里，与作者的电子邮件往来, 2013 年 8 月 22 日。

13. 我们也需要正确的矩阵和数据来支持真正的转变。在微观经济层面，我们应当好好审视公司的季度盈利是否真的是好的衡量价值的方式。在宏观层面，应当考虑我们用以衡量一国经济健康的国内生产总值（GDP）是否是个好的指标。这是一个很模糊的数字——2013 年夏天，经济分析局在重新定义了一些内容后（包括了"知识产权产品"）将美国的 GDP 增加了 5600 亿。GDP 实际上并不是一个好的衡量指标，因为所有的活动都会导致数字增加——癌症能增加 GDP，漏油也能。许多思想领袖，从诺贝尔奖经济学家约瑟夫·斯蒂格利茨到小国不丹，都在研究这一问题，寻找更好的衡量福利的方式。不丹有自己的方式衡量"国民幸福总量"，听起来怪怪的，但如果仔细研究，你会发觉这一指标更有道理。

14. Robin Wauters，"A Clone Scales: 9Flats, 'Europe's Airbnb', Grows from 100K to 250K Beds in Four Months," The Next Web, November 29, 2012, http://tinyurl.com/cbrucq7; Airbnb，"About Us," Airbnb website, accessed October 30, 2013, www.airbnb.com/about/about-us.

15. Robin Chase, quoted in Channtal Fleischfresser，"Can the Sharing Economy Help Slow Down Climate Change?" Smart Planet Blog, May 2013, http://tinyurl.com/oygs7rt.

16. 安迪·鲁本（耶尔德尔），作者采访，2013 年 3 月 15 日。

17 Kurt Wagner，"Who's Getting Crowded Out of Crowdfunding?" Fortune, March 14, 2013, http://tinyurl.com/dyso43u; Lanford Beard，"'Veronica Mars': Kick-

starter Campaign Closes with $5.7 Million," Entertainment Weekly, April 14,2013, http://tinyurl.com/m337tco.

18. 参见达瓦·索贝尔的书 Longitude: The True Story of a Lone Genius Who Solved the Greatest Scientific Problem of His Time (New York: Walker, 1995)。

19. Mike Addison, "P&G Connect and Develop: An Innovation Strategy That Is Here to Stay," Inside P&G website, accessed October 30, 2013, http://tinyurl.com/mb-2c4c5.

20. Osvald M. Bjelland and Robert Chapman Wood, "An Inside View of IBM's 'Innovation Jam,'" Harvard Business Review, October 1, 2008, http://tinyurl.com/pm6zxys.

第四章

1. Dan Bartlett, speech at Walmart's Global Sustainability Milestone Meeting, September 12, 2013, http://tinyurl.com/m9mbvhk.

2. 雷曾经多次说过，被引用的次数更多。更多关于他的智慧想法，参见他精彩的 TED 演讲："Ray Anderson: The Business Logic of Sustainability," TED, February 2009, www.ted.com/talks/ray_anderson_on_the_business_logic_of_sustainability.html。作为英特飞的创始人，雷的立场十分坚定，因为他是绿色大师亨特·罗文斯所说的"首先证明商业价值的人之一"。英特飞"零使命"的愿景（零浪费，零影响）是颇具规模的企业作出的最早的转变之一。罗文斯指出数字会自己说话："不好的东西，像废物和不可再生材料的使用，都下降了（二氧化碳下降了 41%），好的东西，比如销售量和利润，则上升了。"

3. "Alcoa Releases 2011 Sustainability," 2012 年 5 月 9 日美铝的新闻发布 , http://tinyurl.com/mor6ofe; and "Integrating Sustainability into Business Strategies," Alcoa, accessed November 11, 2013, http://tinyurl.com/m4gpcun。

4. "We can't solve problems …" Albert Einstein cited in David Mielach, "5 Business Tips from Albert Einstein," BusinessNewsDaily, April 18, 2012, http://tinyurl.com/maovcej.

5. Nestlé data, titled "Nestle_environmental_performance_indicators_2012.xls" provided to author by Hilary Parsons and Pascal Gréverath (Nestlé), via e-mail October 31, 2013. See also similar calculations at Nestlé, "Nestlé in Society: Creating Shared Value and Meeting Our Commitments," Nestlé, March 2013, 38, accessed November 11, 2013, http://tinyurl.com/kf62usv.

6. Unilever, "Unilever Sustainable Living Plan," November 2010, p. 3, http://ti-

nyurl.com/k9aprho.

7. Mike Duke, speech at Walmart quarterly milestone meeting, Bentonville, AR, April 15, 2013.

8. 另参见 Tim Jackson, Prosperity without Growth: Economics for a Finite Planet (New York: Routledge, 2011)，杰克逊对将增长视为一个目标这个想法本身提出了质疑，甚至认为在减缓材料使用的前提下，这一想法也是有问题的。

9. For P&G, Shelley DuBois, "P&G's Bob McDonald Is Going Green for the Long Haul," CNNMoney, April 30, 2013, http://tinyurl.com/m2p7wzq; for GM, General Motors, "Waste Reduction," accessed November 11, 2013, http://tinyurl.com/l5syzcf; for Dupont, Wendy Koch, "Companies Try to Recycle All Waste, Send Nothing to Landfill," USA Today, January 29, 2012, http://tinyurl.com/cndww5e; and for Waste Management, "Renewable Energy," accessed November 11, 2013, http://tinyurl.com/lnptmwc.

10. Hewlett Packard, "HP 2011 Global Citizenship Report," 35, http://tinyurl.com/mx8tpd3.

11. John Elkington, The Zeronauts: Breaking the Sustainability Barrier (New York: Routledge, 2012).

12. Jonathan Porritt, Capitalism As If the World Mattered (Sterling, VA: Earthscan,2005), 10.

13. "Towards the Circular Economy: Economic and Business Rationale for an Accelerated Transition: Executive Summary," Ellen MacArthur Foundation, 2012, http://tinyurl.com/me4xt6p. McKinsey's work on the value of a circular economy was in conjunction with the Dame Ellen MacArthur Foundation, working also with Cisco, B&Q, BT, National Grid, and Renault.

14. 关于巴塔哥尼亚，参见 Mike Hower, "Patagonia Launches New Program to Upcycle Flip-Flops," Sustainable Brands, August 2, 2013, http://tinyurl.com/l2y2wph; 关于彪马，Marlene Ringel and Baljinder Miles, "PUMA Introduces C2C-Certified, Recyclable Track Jacket, Backpack as Part of InCycle Collection," Sustainable Brands, February 12, 2013, http://tinyurl.com/koxwchr。

15. Gina-Marie Cheeseman, "Nike's New Shanghai Store Is Made from 100 Percent Trash," TriplePundit, August 28, 2013, http://tinyurl.com/qgy5wy7.

16. Rob Hayward et al., "The UN Global Compact-Accenture CEO Study on Sustainability 2013," Accenture, September 2013, 34, http://tinyurl.com/owbjghy.

17. Nassim Taleb, Antifragile: Things That Gain from Disorder (New York: Random House, 2012), 351.

18. 关于我自己的启发，我想到的是威廉·坎关巴，一名出生在马拉维小村庄的青年的故事。在 14 岁的年纪——是的，就是在我还沉迷于电子游戏的时候——威廉就已经用一些设备、树木、自行车零部件和肥料厂的材料做成了一个可以运行的风力涡轮。这样的天才是不会坐在一边无所事事的。因此他的故事被传播开来。一本关于他的事迹的书、一场 TED 演讲、以及一次《每日秀》的采访都是他十年间求学于剑桥、约翰内斯堡和达特茅斯的漫漫征途中的一部分。如果我们认为史蒂夫·乔布斯开创了一个新的世纪，那么我认为威廉也不逊色。

19. 我绝不是指出资本主义铠甲裂缝的第一人。大量的文献已经指出，公司会把商业引导向更为健康、平等且可持续的形式。在这一讨论中，更好的阐述者有：Paul Hawken, The Ecology of Commerce: A Declaration of Sustainability (New York: Collins Business, 2005); Paul Hawken, Amory Lovins, and Hunter Lovins, Natural Capitalism: Creating the Next Industrial Revolution (Boston: Little, Brown and Co., 1999); David C. Korten, When Corporations Rule the World (West Hartford, CT: Kumarian Press, 1995); Stuart Hart, Capitalism at the Crossroads: The Unlimited Business Opportunities in Solving the World's Most Difficult Problems (Upper Saddle River, NJ: Wharton School, 2005); Jonathan Porritt, Capitalism As If the World Matters (Sterling, VA: Earthscan, 2005); Naomi Klein, The Shock Doctrine: The Rise of Disaster Capitalism (New York: Metropolitan Books/Henry Holt, 2007); James Gustave Speth, The Bridge at the End of the World: Capitalism, the Environment, and Crossing from Crisis to Sustainability (New Haven: Yale University Press, 2008); Umair Haque, The New Capitalist Manifesto: Building a Disruptively Better Business (Boston: Harvard Business Press, 2011); 以及经济学家、思想领袖和记录者的作品，如 Joel Bakan, Marjorie Kelly, Michael Moore, Robert Reich, Joseph Stiglitz, Allen White 等。

20. Hawken, Lovins, and Lovins, Natural Capitalism, 263.

21. Umair Haque, The New Capitalist Manifesto: Building a Disruptively Better Business (Boston: Harvard Business Review Press, 2012), xv.

22. 瑞贝卡·亨德尔森，与作者的邮件交流，2013 年 10 月 2 日。

23. Alfred Rappaport, Saving Capitalism from Short-Termism: How to Build Long-Term Value and Take Back Our Financial Future (New York: McGraw Hill, 2011), ix.

24. See the seminal work by Donella Meadows, Thinking in Systems: A Primer (White River Junction, VT: Chelsea Green, 2008).

25. 罗伯特·吉福德，加拿大英属哥伦比亚大学的一位社会科学家认为，人们要应对气候变化，就必须驯服 30 个他称作"不作为之龙"的心理障碍。参见 Paramaguru, Kharunya, "The Battle over Global Warming Is All in Your Head," Time, August 19, 2013。

26. Cass R. Sunstein, "People Don't Fear Climate Change Enough," Bloomberg,

August 27, 2013, http://tinyurl.com/mq8x592. Or consider our inability to understand the so-called "Black Swan" extremes (the world is not a normal curve)；正如经济学家哥诺特·瓦格纳指出的，你永远不会见到一个十英尺高的女人，因此你很难想象超出正常规模的情况的偏差。在看到偏离于正态分布曲线的事实和准备应对极端情况方面，我们一直都存在困难。

27. Andrew C. Revkin, "Stuck on Coal, and Stuck for Words in a High-Tech World," New York Times, December 4, 2007. Revkin 将人们不会去担心类似于气候变化这样的问题解释为"日常的挣扎已经淹没了威胁生命的长期风险"。

28. 物理学家汤姆·墨菲（Tom Murphy）一个有趣的思想实验为指数型增长提供了数字。墨菲计算了如果能源使用像过去几百年一样以每年 3% 的速度增长会发生什么。他得到的结果是，如果如此，再过 400 年，我们将需要太阳照射到地球的所有能量那么多的能力。而从现在开始的几百年之内，我们显然需要放慢能源使用的速度，且必须找到新的运行方式。

29. Hayward et al., "UN Global Compact-Accenture CEO Study on Sustainability 2013," 34.

第五章

1. Jennifer Reingold, "Can Procter & Gamble CEO Bob McDonald Hang On?," Fortune magazine, February 25, 2013.

2. John R. Graham, Campbell R. Harvey, and Shiva Rajgopal, "The Economic Implications of Corporate Financial Reporting," Journal of Accounting and Economics 40 (December 2005), 3–73.

3. 托马斯·福克（金佰利），作者采访，2013 年 5 月 5 日。

4. John Bogle, The Clash of the Cultures: Investment vs. Speculation (New York: Wiley, August 2012).

5. 关于十一秒之谜，Barry Ritholtz, "No, the Average Stock Holding Period Is Not 11 Seconds," Business Insider, October 28, 2010, http://tinyurl.com/mdtayyo. 关于高速交易构成市场总量的 50%，参见 Bogle, Clash of the Cultures, 3. 关于鲍尔曼的引用，参见 Kamal Ahmed, "Davos 2011: Unilever's Paul Polman Believes We Need to Think Long Term," The Telegraph, January 15, 2011, http://tinyurl.com/5wt4nt6. 关于七年的持有期，参见 Alfred Rappaport, Saving Capitalism from Short-Termism: How to Build Long-Term Value and Take Back Our Financial Future (New York: McGraw Hill, July 2011), 75。

6. Ken Favaro et al., "CEO Succession 2000–2009: A Decade of Convergence and

Compression," Strategy+Business magazine, Summer 2010.

7. 关于美联社推特被黑客攻击, 参见 "AP Twitter Account Hacked, 'Explosions at White House' Tweet Crashes DOW," RT.com, April 23, 2013, http://tinyurl.com/kque8dl. For "flash crash," Wikipedia contributors, "2010 Flash Crash," Wikipedia, The Free Encyclopedia, accessed November 4, 2013, http://tinyurl.com/3wtk9o7。

8. Rappaport, Saving Capitalism from Short-Termism, xvii and 48.

9. Rappaport, Saving Capitalism from Short-Termism, ix.

10. Marc Gunther, "Waste Management's New Direction," Fortune, December 6, 2010, http://tinyurl.com/ldsyh6e.

11. 关于埃克森美孚, 参见 Clifford Krauss, "Oil Industry Hums as Higher Prices Bolster Quarterly Profits at Exxon and Shell," New York Times, October 28, 2011。关于苹果, 参见 John Paczkowski, "Apple Shares Down 11 Percent on Fourth-Most-Profitable Quarter Posted by Any Company Ever," All Things D, January 24, 2013, http://tinyurl.com/kl5z7wt。

12. Jie He and Xuan Tian, "The Dark Side of Analyst Coverage: The Case of Innovation," Journal of Financial Economics, February 5, 2013, http://ssrn.com/abstract=1959125.

13. Claire Cain Miller and Nick Bilton, "Google's Lab of Wildest Dreams," New York Times, November 14, 2011.

14. Adam Lashinsky, "Inside Apple," Fortune magazine, May 23, 2011.

15. Josie Ensor, "Unilever's Polman Hits Out at City's Short Term Culture," The Telegraph, July 5, 2011, http://tinyurl.com/3emwn4f.

16. 关于 "老鼠赛", Deborah Zabarenko, "Unilever Swaps Earnings Rat Race for Sustainability," Reuters, November 2, 2012, http://tinyurl.com/mnbnh5v; 关于 "卖奶奶", Ahmed, "Davos 2011: Unilever's Paul Polman Believes We Need to Think Long Term."

17. 关于现金流的引用, Ahmed, "Davos 2011." 关于做正确的事的引言, 来自阿迪·伊格内修斯对保罗·鲍尔曼的采访, "Unilever's CEO on Making Responsible Business Work," Harvard Business Review Blog Network, May 17,2012, http://tinyurl.com/lmc3hj6。

18. 保雷特·弗兰克（强生）, 与作者的邮件交流, 2013 年 7 月 23 日, 2013 年 8 月 7 日。

19. Erika Karp, speech at NIRI/FEI Sustainability Summit, New York City, April, 9, 2013.

20. 伊娃·兹诺特尼卡（瑞银集团）, 作者采访, 2013 年 4 月 4 日。

21.凯文·安东（美铝）, 与作者的邮件交流, 2013 年 6 月 26 日。

22. 格雷格·萨巴斯基（飞利浦），作者采访，2013 年 3 月 29 日。

23. 彼得·格拉夫（思爱普），与作者的邮件交流，2013 年 5 月 14 日。

24. Mindy Lubber (Ceres), speech at Kimberly Clark Sustainability Advisory Board Meeting, Roswell, GA, March 27, 2013.

25. 杰依·科恩·吉尔伯特，作者采访，2012 年 12 月 12 日。

26. 苏兹·麦克·科尔麦克（美富律师事务所），作者采访，2013 年 1 月 8 日。

27. 莱尔·克拉克（克拉克集团），作者采访，2013 年 4 月 13 日。

28. 托马斯·福克（金佰利），作者采访，2013 年 5 月 20 日。

29. A.G. Lafley (Proctor & Gamble), "The Customer Is the Boss," Big Think video, 1:59pm, March 20, 2013, http://tinyurl.com/kafe6u5.

30. Johnson & Johnson, "Our Credo," accessed November 5, 2013, http://tinyurl.com/lh3bzfr.

31. Francesco Guerrera, "Welch Condemns Share Price Focus," Financial Times, March 12, 2009. See also Steve Denning, "The Dumbest Idea in the World: Maximizing Shareholder Value," Forbes, November 28, 2011, http://tinyurl.com/7f9tput.

第六章

1. 蒂姆·沃林顿（福特公司），作者采访，2012 年 5 月 23 日。另见 "Ford's Science Based CO2 Targets," Ford Motor Company, accessed November 6, 2013, http://tinyurl.com/ka5vtar。

2. 蒂姆·沃林顿（福特公司），作者采访，2012 年 5 月 23 日。

3. Alan Mulally (Ford), speaking at Fortune Brainstorm Green conference, Laguna Niguel, CA, April 16, 2012. 全文参见 http://tinyurl.com/7asrluv。

4. "Blueprint for Sustainability: The Future at Work," Ford Motor Company, accessed November 6, 2013, http://tinyurl.com/n5puc6v.

5. 约翰·维埃拉（福特公司），作者采访，2010 年 7 月 6 日。

6. 凯文·莫斯（英国电信），作者采访，2013 年 2 月 28 日。另参见 "Better Future Report 2013," BT, accessed November 6, 2013, http://tinyurl.com/qhk2p73.

7. 凯文·莫斯（英国电信），作者采访，2013 年 2 月 28 日。

8. 关于戴尔，参见 "Dell 2020 Legacy of Good Plan," accessed November 16, 2013, http://tinyurl.com/mmhsahg. For Disney and Rio Tinto, Sissel Waage, "Why Sustainability Aspiration Leads to Innovation," GreenBiz, February 25, 2013, http://tinyurl.com/mergtuq. For LG, Bart King, "LG Electronics to Cut US Emissions in Half by 2020," SustainableBrands, November 29, 2011, http://tinyurl.com/mogfupw. For Mars,

"Sustainable in a Generation," Mars, Incorporated, accessed November 6, 2013, http://tinyurl.com/qytrvxe. For 100 percent renewable energy goals, see www.pivotgoals.com and "IKEA Plans for 100% Clean Energy by 2020," CleanTechnica, October 23, 2012, http://tinyurl.com/kwmsxr3. For Unilever, "Unilever Sustainable Living Plan," November 2010, p. 3, http://tinyurl.com/k9aprho. For Toshiba, "Corporate Social Responsibility Report, 2012," Toshiba Group, August 2012, p. 22, 35–40, http://tinyurl.com/lj32owv。

9. "Thinking Forward: 2012 EMC Sustainability Report," EMC Corporation, p. 23, accessed November 7, 2013, http://tinyurl.com/lho6vs5.

10. "About CSO," Center for Sustainable Organizations, accessed November 7, 2013, http://tinyurl.com/lkhgedv.

11. Bill Baue, "Embracing Science to Bridge the Sustainability Gap," TheGuardian.com, April 23, 2012, http://tinyurl.com/kq997p4.

12. 理查德·邓恩（帝亚吉欧），作者采访，2012 年 11 月 28 日。

13. Joseph Romm, "The United States Needs a Tougher Greenhouse Gas Emissions Reduction Target for 2020," Center for American Progress website, January 13, 2009, http://tinyurl.com/l5r9u62. This number is usually suggested as the target for industrialized countries, with the developing world needing to cut less. The 2013/2014 IPCC report is still being issued as of this writing, but the goals will most certainly get tighter, not looser.

14. "Thinking Forward: 2012 EMC Sustainability Report," p. 46.

15. "Carbon Action," Carbon Disclosure Project website, accessed November 7, 2013, http://tinyurl.com/n3we7f6.

16. "Setting a Target for Corporate Greenhouse Gas Reduction," AutoDesk Inc., accessed November 7, 2013, http://tinyurl.com/kvoryp4.

17. "World Energy Outlook 2012," International Energy Agency, November 2012, p. 2, http://tinyurl.com/d49a55v.

18. "Carbon Action," Carbon Disclosure Project.

19. Rob Hayward et al., "The UN Global Compact-Accenture CEO Study on Sustainability 2013," Accenture, September 2013, 31, http://tinyurl.com/owbjghy.

第七章

1. "如果我有一个小时的时间解决一个问题……" 爱因斯坦在 "Why Innovators Should Never Listen to Albert Einstein" 中被引用，由 "mhargrave" 于 2012 年 2 月 12 日发布于 blog.hbs.edu/hbsinov8/?p=1238。

2. 参见 "UPS Sustainability Report Hits 'A+' Mark for Transparency," UPS press

release, July 31, 2012, http://tinyurl.com/mtks4tw, 这是唯一我在三本书中都用到的例子，在我的演讲中，听众们说这是让人印象深刻的例子之一，因此值得再次回顾。

3. Martin Wright, "Indian Businesses Are Reveling in 'Unreasonable Goals,'" Green Futures Magazine, February 20, 2013.

4. Leon Kaye, "Adidas Rolls Out Waterless 'DryDye'T-Shirt," TriplePundit, August 9, 2012, http://tinyurl.com/mt2nwss.

5. 汉娜·琼斯（耐克），作者采访，2013 年 4 月 2 日。

6. "Scott Naturals Pioneers "Green Done Right,'" Kimberly-Clark Corp. press release, April 22, 2013, http://tinyurl.com/lzhn5ks.

7. "PUMA Clever Little Bag," IDSA, June 8, 2011, www.idsa.org/puma-clever-little-bag.

8. 马尔克·伊斯拉吉和佩姬·瓦德（金佰利），与作者的邮件交流，2013 年 5 月 1 日。

9. 格兰·保福尔（惠普），作者采访，2013 年 5 月 13 日。

10. Jim Collins and Morten Hansen, Great by Choice: Uncertainty, Chaos, and Luck: Why Some Thrive Despite Them All (New York: HarperCollins, 2011), 61.

11. Mike Hower, "P&G's New Plastic Mold Process Could Save $1 Billion Annually," Sustainable Brands, accessed November 18, 2013, http://tinyurl.com/mbdwder.

12. Eric Bellman, "Indian Firms Shift Focus to the Poor," Wall Street Journal, October 21, 2009; Vijay Govindarajan, Reverse Innovation: Create Far from Home, Win Everywhere (Boston: Harvard Business Press, 2012).

13. 贝丝·康斯多克（通用电气公司），与作者的对话，2011 年 7 月 8 日。

14. Hannah Jones (hjones_nike), "As I said at #FortuneGreen: system change or go home: example of how we seek 2 make it happen: #LAUNCH2020 http://is.gd/XByQki," April 30, 2013, 10:39 am. Tweet.

15. 理查德·伯格福斯（麦斯汉堡），与作者的对话，2011 年 11 月 29 日。See also Andrew Winston, "A Swedish Burger Chain Says 'Minimize Me,'" Harvard Business Review Blog Network, June 30, 2011, blogs.hbr.org/2011/06/a-swedish burger-chain-says-mi/.

16. Annie Longsworth (alongsworth), "S Wicker @ups We look at brown delivery fleet as a rolling laboratory—experimenting with every technology you can imagine. #fortunegreen," April 30, 2013, 1:22 pm. Tweet.

17. Valerie Casey, speech at Clarke Environmental AI Summit, Chicago, IL, February 7, 2012.

18. Peter Sims, Little Bets: How Breakthrough Ideas Emerge from Small Discoveries

(New York: Free Press, 2011); Collins, Great by Choice, 78–82.

19. For Intuit, Mark Schar (Intuit), speech at Brandworks University, Madison, WI, May 25, 2006, cited by Ben McConnell, Zmetro.com, www.zmetro.com/archives/005442.php; and for failure bow, Beth Kanter, "Go Ahead, Take a Failure Bow," Harvard Business Review Blog Network, April 17, 2013, blogs.hbr.org/2013/04/go-ahead-take-a-failure-bow/.

20. Wobi, "Ed Catmull: Innovation Lessons from Pixar," accessed July 14, 2013, http://tinyurl.com/ld8bq4h.

第八章

1. James K. Harter et al., "Q12 Meta-Analysis: The Relationship between Engagement at Work and Organizational Outcomes," Gallup, August 2009, http://tinyurl.com/lslhoto.

2. SAP, "Combined Management Report: Employees and Social Investment," accessed November 18, 2013, http://tinyurl.com/cn7oav4.

3. Tony Schwartz，"New Research: How Employee Engagement Hits the Bottom Line," Harvard Business Review Blog Network, November 8, 2012, blogs.hbr.org/2012/11/creating-sustainable-employee/.

4. Michael Porter, "Restoring Pride in Capitalism," video, WOBI, 2:48, filmed October 2012, www.wobi.com/wbftv/michael-porter-restoring-pride-capitalism.

5. 玛丽·高栏，与作者的邮件交流，2013 年 5 月 21 日。

6. Andrew Savitz, Talent, Transformation and the Triple Bottom Line Talent: How Companies Can Leverage Human Resources to Achieve Sustainable Growth (San Francisco: Jossey-Bass, 2013), Kindle edition, location 4791.

7. 同上, location 4832. 萨维茨取法自埃德加·希恩的著名模型。该模型列出了三个层次的组织文化：事实（萨维茨所谓的"我们所做的"）、支持的价值（萨维茨的"我们所说的"）以及假设（萨维茨的"我们所相信的"）。更多关于希恩的作品，参见埃德加·希恩，上一次修改于 2013 年 11 月 10 日，en.wikipedia.org/wiki/Edgar_Schein。

8. Alfred Rappaport, Saving Capitalism from Short-Termism: How to Build Long-Term Value and Take Back Our Financial Future (New York: McGraw-Hill, 2011).

9. 查克·福勒（平山矿业），作者采访，2013 年 3 月 12 日。

10. 杰夫·赖斯（沃尔玛），作者采访，2012 年 12 月 7 日，2013 年 4 月 2 日。

11. Eddie Makuch, "Angry Birds Hits 1 Billion Downloads," GameSpot, May 9,

2012, http://tinyurl.com/k9uuakd.

12. "GE and Exopack Conduct 'Ecomagination Treasure Hunt,'" Environmental Leader, September 23, 2011, http://tinyurl.com/lgaev26.

13. 苏珊·亨特·史蒂文森（绿色实际），作者采访，2013 年 3 月 1 日。

14. 格温·米基塔（凯撒娱乐），作者采访，2013 年 4 月 2 日。

15. Gary Loveman, "How a Sustainability Scorecard Is Creating Value," GreenBiz, November 11, 2013, http://tinyurl.com/m8zx7mn.

16. Jim Collins, Good to Great: Why Some Companies Make the Leap—and Others Don't (New York: HarperBusiness, 2001).

17. 道格·麦克米伦（沃尔玛），与作者的邮件交流，2013 年 3 月 24 日。

18. 汉娜·琼斯（耐克），作者采访，2013 年 4 月 2 日。

19. 莱尔·克拉克（克拉克集团），作者采访，2013 年 4 月 2 日。

20. Andrew Winston, "Five Ways to Use Green Data to Make Money," Harvard Business Review, November 19, 2009, http://tinyurl.com/l3s5533.

21. 格温·米基塔（凯撒娱乐），作者采访，2013 年 4 月 2 日。

22. Grant Ricketts, "Big Data: The Ultimate Sustainability Job Aid at U.S. Postal Service," Sustainable Brands, August 23, 2013, http://tinyurl.com/mod2z6f.

23. 安德鲁·萨维茨（可持续商业策略），与作者的邮件交流，2013 年 5 月 28 日。

24. "LinkedIn's Most InDemand Employers," LinkedIn, accessed October 6, 2013, http://talent.linkedin.com/indemand/. As of autumn 2013, the top 20 are Google, Apple, Unilever, P&G, Microsoft, Facebook, Amazon, PepsiCo, Shell, McKinsey, Nestlé, Johnson & Johnson, BP, GE, Nike, Pfizer, Disney, Coca-Cola, Chevron, and L'Oréal.

第九章

1. 苏哈斯·阿皮特（金佰利），作者采访，2013 年 3 月 26 日；马克·布茨曼（金佰利），与作者的邮件交流，2013 年 5 月 24 日。

2. John Wanamaker (attributed). See en.wikipedia.org/wiki/John_Wanamaker.

3. Mark McElroy, "Move Over Eco-Efficiency, Here Comes Eco-Immunity—Part Two," SustainableBrands, September 17, 2013, http://tinyurl.com/mvb9wp2.

4. "Half of Multinationals to Choose Suppliers Based on CO2 Emissions," Environmental Leader, September 26, 2011, http://tinyurl.com/3hzz9qc; and Edgar Blanco and Ken Cottrill, "Engaging with Suppliers to Meet Supply Chain Sustainability Goals," MITA Global Scale Network white paper, Summer 2012, http://tinyurl.com/mmvt5g7.

5. "Energy Use and Alternative Energy," Johnson & Johnson, accessed November 8,

2013, http://tinyurl.com/ltvpooa.

6. 约翰・马修斯（泰华斯），2011 年 9 月 23 日在纽约可持续性创新者工作组会议的演讲。另参见 John Davies, "Diversey's Portfolio Approach Toward Sustainability ROI," GreenBiz, March 7, 2011, http://tinyurl.com/ky6gp9n。

7. Auden Schendler, "Rotten Fruit: Why 'Picking Low-Hanging Fruit' Hurts Efficiency and How to Fix the Problem," edc magazine, November 5, 2012.

8. For 3M, Daniel C. Esty and Andrew S. Winston, Green to Gold: How Smart Companies Use Environmental Strategy to Innovate, Create Value, and Build Competitive Advantage (New Haven: Yale University Press, 2006), 212. For food and beverage company, anonymous interview with author, March 28, 2013.

9. Esty and Winston, Green to Gold, 212. See also Kristen Korosec, "IKEA Pursues Energy Independence by 2020," SmartPlanet, October 23, 2012, http://tinyurl.com/ntsn47z.

10. Alex Perera and Samantha Putt del Pino, "AkzoNobel and Alcoa Link Sustainability to Capital Projects," GreenBiz, March 21, 2013, http://tinyurl.com/n8aauc7.

11. Fred Bedore (Walmart), speaking at GreenBiz Forum 2012, New York, January 24, 2012. See also Andrew Winston, "Walmart Broadens ROI for Green Power," Harvard Business Review Blog Network, February 7, 2012, blogs.hbr.org/2012/02/walmart-broadens-roi-for-green/.

12. 丹・黑森（斯普林特公司），在财富绿色头脑风暴大会上的演讲，2012 年 4 月 17 日加利福尼亚州尼古湖。

13. Robert Bernard, "Microsoft Signing Long-Term Deal to Buy Wind Energy in Texas," Microsoft Green Blog, November 4, 2013, http://tinyurl.com/lp85nc6.

14. 迪士尼的贝丝・史蒂文森，作者的采访，2013 年 3 月 7 日，以及与作者的邮件交流，2013 年 5 月 22 日。

15. 史蒂文森，与作者的邮件交流，2013 年 5 月 22 日。

16. 罗布・伯纳德（微软），作者采访，2012 年 3 月 16 日。另参见 Andrew Winston, "Microsoft Taxes Itself," Harvard Business Review Blog Network, May 8, 2012, blogs.hbr.org/winston/2012/05/microsoft-taxes-itself.html.

17. T. J. 迪卡普里奥，作者采访，2013 年 3 月 25 日。

18. 罗伯塔・巴比尔瑞（帝亚吉欧），作者采访，2012 年 11 月 28 日。

19. Rob Hayward et al., "The UN Global Compact-Accenture CEO Study on Sustainability 2013," Accenture, September 2013, http://tinyurl.com/owbjghy.

20. 托马斯・福克（金佰利），作者采访，2013 年 5 月 20 日。

21. 查尔斯・埃瓦尔德（新岛首都），作者采访，旧金山，2013 年 1 月 8 日。

第十章

1. 参见 Garrett Hardin, "The Tragedy of the Commons," Science 162 (1968): 1243–1248.

2. Joel Makower, "Who Are the Leaders in Natural Capitalism?" GreenBiz, September 9, 2013, http://tinyurl.com/pl9hhnk.

3. Sissel Waage and Corinna Kester, "Private Sector Uptake of Ecosystem Services Concepts and Frameworks: The Current State of Play," BSR, March 2013, http://tinyurl.com/lp9z3l3, 提到诸如 AEP、阿克苏诺贝尔、可口可乐、陶氏、迪士尼、日立、霍尔希姆、彪马、力拓和壳牌公司的例子。

4. Mark Tercek, Nature's Fortune: How Business and Society Thrive by Investing in Nature (New York: Basic Books, 2013), xviii and 20–21.

5. Tercek, Nature's Fortune, 4.

6. 关于自然每年提供的 33 亿美元的价值，参见 Robert Costanza et al., "The Value of the World's Ecosystem Services and Natural Capital," Nature, May 15, 1997, http://tinyurl.com/atlmao. For $7 trillion annual damage to natural capital, Joel Makower, "Assessing Businesses' $7.3 Trillion Annual Cost to Natural Capital," GreenBiz, April 15, 2013, http://tinyurl.com/k4xknq7.

7. "Dow and The Nature Conservancy Announce Collaboration to Value Nature," Dow Chemical Company press release, January 24, 2011, http://tinyurl.com/pbto7oc.

8. 米歇尔·拉宾斯基（大自然保护协会），与作者的邮件交流，2013 年 6 月 23 日。

9. 马克·威克（陶氏化学），在宾夕法尼亚费城的可持续性品牌矩阵会议的演讲，2012 年 9 月 27 日。

10. 米歇尔·拉宾斯基（大自然保护协会），与作者的邮件交流，2013 年 6 月 23 日。

11. 蔡特（彪马，B 队），作者采访，2013 年 5 月 3 日和 5 月 7 日。另见"PUMA's Environmental Profit and Loss Account for the Year Ended 31 December 2010," PUMA, November 16, 2011, http://tinyurl.com/6v3dctw。

12. Alexander Perera et al., "Aligning Profit and Environmental Sustainability: Stories from Industry," World Resources Institute working paper, February 2013, http://tinyurl.com/o8xe63d.

13. 马克·威克（陶氏化学），作者采访，2013 日 4 月 8 日。

14. 尼尔·霍金斯（陶氏化学），作者采访，2013 日 4 月 8 日。

15. 蔡特（彪马，B 队），作者采访，2013 日 5 月 8 日。

16. Craig Hanson et al., "The Corporate Ecosystem Services Review," World Resources Institute, February 2012, http://tinyurl.com/7ybylyo.

17. 凯特·狄龙·列文（REDD 项目），作者采访，2013 日 8 月 16 日。另见 "What Is REDD+?" REDD-net, accessed October 30, 2013, http://tinyurl.com/mdk6fbd.

第十一章

1. Suzanne Goldberg, "Top US Companies Shelling Out to Block Action on Climate Change," The Guardian, May 30, 2012, http://tinyurl.com/lf6nune.

2. Paul Polman, "Business Leaders Must Take on Challenge at Doha," The Guardian, November 23, 2012, http://tinyurl.com/lcsha93.

3. 乔纳特·瓦格纳（经济学家），作者采访，2012 年 11 月 29 日。

4. 关于马瑟说的话的引用，Elisabeth Rosenthal, "Carbon Taxes Make Ireland Even Greener," New York Times, December 28, 2012。关于 "碳收费", N. Gregory Mankiw, "A Carbon Tax That America Could Live With," New York Times, August 31, 2013, http://tinyurl.com/kdp8scq.

5. Congress of the United States, Congressional Budget Office, Effects of a Carbon Tax on the Economy and the Environment, May 2013, 1, http://tinyurl.com/l8qbh98.

6. "Data: CO2 Emissions: Metric Tons per Capita," The World Bank, accessed November 13, 2013, http://tinyurl.com/24wtm9u.

7. 关于爱尔兰, Rosenthal, "Carbon Taxes Make Ireland Even Greener"; 关于中国, "China to Introduce Carbon Tax: Official," 新华通讯社, 2013 年 2 月 19 日, http://tinyurl.com/bavluxk。

8. "George P. Shultz: A Cold Warrior on a Warming Planet," Bulletin of the Atomic Scientists (January/February 2013), http://bos.sagepub.com/content/69/1/1.full.

9. 关于国际货币基金组织的预测，Reuters, "Study Challenges Fuel Subsidies," New York Times, March 28, 2013. 关于一万亿美元的利润, Daniel J. Weiss and Susan Lyon, "Powering an Oil Reform Agenda," Center for American Progress, June 2, 2010, http://tinyurl.com/mfjtebm 以及作者的计算。Oil profits for the big five have continued to run at well over $100 billion per year.

10. 吉加·沙, 作者采访, 2013 年 5 月 29 日。

11. 乔纳特·瓦格纳（经济学家），作者采访，2013 年 5 月 23 日。

12. Polman, "Business Leaders Must Take on Challenge at Doha."

13. Ehren Goossens, "Google-Backed Offshore Wind Line to Start in New Jersey," Bloomberg, January 15, 2013, http://tinyurl.com/k2l6bsc.

14. Norm Augustine et al., "A Business Plan for America's Energy Future," American Energy Innovation Council, 2010, 4, http://tinyurl.com/losv5cb.

15. Jeffrey Sachs, "On the Economy, Think Long-Term," New York Times, April 1, 2013.

16. 同上。

17. 格雷格·萨巴斯基（飞利浦），作者采访，2013 年 3 月 29 日。

18. 关于引用，"Champions of the Earth—2011 Laureate," United Nations Environment Programme, accessed November 12, 2013, www.unep.org/champions/laureates/2011/yue.asp. 关于温度数字，Keith Bradsher, "Chinese Tycoon Focuses on Green Construction," New York Times, December 8, 2010.

19. "Policy Support for Renewable Energy Continues to Grow and Evolve," Worldwatch Institute, Washington, DC, August 22, 2013, http://tinyurl.com/n8wcbex.

20. 关于引用，Cal Dooley (American Chemistry Council), speaking at Koppers Annual SAG meeting, Bedford Springs, PA, March 10, 2013. 关于沃尔玛，Jonathan Bardelline, "Walmart Seeks to Clear Toxics from Its Shelves," GreenBiz, September 12, 2013, www.greenbiz.com/news/2013/09/12/walmart-seeks-clear-toxics-its-shelves.

21. Heather Clancy, "HP Steps Up to Ask Suppliers to Slash Emissions," GreenBiz, October 3, 2013, www.greenbiz.com/blog/2013/10/03/hp-asks-supplychain-cut-emissions-20-percent-2020.

22. Herve Gindre (3M), speech at 3M Sustainability Event for Employees, Minneapolis/St.Paul, MN, April 18, 2012.

23. 关于风税优惠，Zach Colman, "Starbucks, Ben & Jerry's Join Lobby Push for Wind Credit," The Hill (blog), September 18, 2012, http://tinyurl.com/kzugzr3. 关于易趣，Mindy Lubber, "eBay and Republican Lawmaker Score Clean Energy Win in Utah," Forbes.com, March 22, 2012, http://tinyurl.com/7ya9dmc。

24. 汉娜·琼斯（耐克），作者采访，2013 年 4 月 2 日。

25. "The 2℃ Challenge Communique," University of Cambridge Programme for Sustainability Leadership, 2011, 2, accessed November 12, 2013, http://tinyurl.com/ll5lf2f.

26. 汉娜·琼斯（耐克），作者采访，2013 年 4 月 2 日。

27. Rob Hayward et al., "The UN Global Compact-Accenture CEO Study on Sustainability 2013," Accenture, September 2013, 45, http://tinyurl.com/owbjghy.

28. 汉娜·琼斯（耐克），作者采访，2013 年 4 月 3 日。

29. 关于可口可乐首席执行官杰夫·斯布莱特，作者采访，2013 年 3 月 29 日，关于苹果，David Fahrenthold, "Apple Leaves U.S. Chamber Over Its Climate Position," Washington Post, October 6, 2009, http://tinyurl.com/lhy8nty. 关于耐克，Kate Galbraith, "Nike Quits Board of U.S. Chamber," New York Times, October 1, 2009。

30. 瑞贝卡·亨德尔森，在资本研究院讨论会"超越可持续性：再生资本主义之路"上的演讲，纽约，2013 年 6 月 20 日。

第十二章

1. Eric Lowitt, The Collaboration Economy: How to Meet Business, Social, and Environmental Needs and Gain Competitive Advantage (San Francisco: Jossey-Bass, 2013), Kindle edition, location 362.

2. 卡拉·赫斯特（可持续发展联盟），作者采访，2013 年 4 月 26 日。

3. Geoff Colvin et al., "50 Greatest Business Rivalries of All Time," Fortune, March 21, 2013, http://tinyurl.com/p4h2c53.

4. Paula Tejon Carbajal, "Natural Refrigerants: The Solution," Greenpeace International website, http://tinyurl.com/p2weu9k.

5. 杰夫·斯布莱特（可口可乐），作者采访，2013 年 3 月 29 日。

6. 关于汽车公司在燃料电池方面所做的努力，参见 Bart King, "Daimler, Ford, Renault-Nissan to Co-Develop Fuel Cell Vehicles," Sustainable Brands, January 30, 2013, http://tinyurl.com/leyb9ln。关于酒店碳足迹的作品，参见 "Hilton, Marriott, Hotel Giants Get in Bed to Count Carbon," GreenBiz, June 12, 2013, http://tinyurl.com/mbo8kkr. 关于 UPS 和 USPS，参见 Jennifer Inez Ward, "UPS and USPS Teamed Up to Create a New Industry Standard," GreenBiz, January 9, 2013, http://tinyurl.com/bjpoz6c。

7. 汉娜·琼斯（耐克），作者采访，2013 年 4 月 2 日。

8. Martin Medina, "Waste Pickers in Developing Countries: Challenges and Opportunities," WorldBank.org website, accessed November 16, 2013, http://tinyurl.com/nz5rnoc. See also, "Waste Pickers," WIEGO website, accessed November 16, 2013, http://tinyurl.com/p9pd6mx. 世界银行的研究可追溯至 1988 年 (参见 Bartone, C, "The Value in Wastes," Decade Watch), 但更近的一份研究表明，仅在印度，就有 150 万人以捡拾垃圾为生。参见 Chaturvedi, Bharati, "Mainstreaming Waste Pickers and the Informal Recycling Sector in the Municipal Solid Waste," Handling and Management Rules 2000, A Discussion Paper.

9. 保雷特·弗兰克（强生），作者采访，2013 年 5 月 28 日。

10. Michael E. Porter and Mark R. Kramer, "Creating Shared Value," Harvard Business Review, January 2011. 更多关于 Jed Emerson's Blended Value concept，参见 http://www.blendedvalue.org/framework/. 关于引用博尔克的，参见 "CEO Interview," video, Nestlé website, 2:18, http://www.nestle.com/csv。雀巢想要通过解决营养、水和农村发展为股东和社会创造价值。在具体层面，这样的做法转化为每一方面，包括在

产品中减少盐、糖和脂肪，增加粗粮，到与农民合作，再到发展农村地区。

11. David Cooperrider and Michelle McQuaid, "The Positive Arc of Systemic Strengths," Journal of Corporate Citizenship, May 2013, pp. 3–4.

12. 莱尔·克拉克（克拉克集团），作者采访，2013 年 4 月 2 日。

13. "Business Partnership Hub," United Nations Global Compact website, accessed November 16, 2013, www.businesspartnershiphub.org.

14. 萨利·尔仁（未来论坛），作者采访，2013 年 4 月 8 日。

15. "Nike, NASA, State Department and USAID Aim to Revolutionize Sustainable Materials," Nike Inc. website, April 25, 2013, http://tinyurl.com/mpugaaj.

16. 同上。

第十三章

1. "Nissan LEAF: Polar Bear," YouTube video, 1:02. Posted by "NissanMalaysia," http://www.youtube.com/watch?v=VdYWSsUarOg.

2. Rebecca Sizelove, "Nearly Half of Adults Are More Inclined to Buy Eco-Friendly Products, and Four in Ten Would Pay More for Them," Ipsos, April 19, 2012, http://tinyurl.com/nejvuhu; "6 Ways to Make Brand Sustainability Resonate with Customers," Fast Company, accessed October 30, 2013, http://tinyurl.com/kzs9dwg.

3. HBS Environment (HBSBEI), "Making green products for green people is totally pointless; we need to make them for everyone else." April 30, 2013, 6:52 pm. Tweet.

4. Daniel C. Esty and Andrew S. Winston, Green to Gold: How Smart Companies Use Environmental Strategy to Innovate, Create Value, and Build Competitive Advantage (New Haven: Yale University Press, 2006).

5. "Patagonia's New VC Fund to Invest in Trailblazing Green Firms," GreenBiz, May 9, 2013, http://tinyurl.com/kxrouvx.

6. Kingfisher PLC, "Our Strategy—Creating the Leader: Purpose," accessed November 16, 2013, http://tinyurl.com/otr2yzv.

7. Patagonia Inc., "Don't Buy This Jacket," Patagonia website, accessed November 16, 2013, http://tinyurl.com/82vt8ke.

8. 瑞克·瑞智威（巴塔哥尼亚），与作者的邮件交流，2013 年 6 月 7 日。

9. Jennifer Elks, "Patagonia Launches 'Responsible Economy' Campaign," Sustainable Brands, October 1, 2013, http://tinyurl.com/ov7jz3u; Patagonia: "Responsible Economy: You Are Part of It," Patagonia website, accessed October 30, 2013, http://tinyurl.com/24d4vnh.

10. 亚当·艾尔曼（马莎百货），作者采访，2013 年 1 月 31 日。

11. 马克·巴里（马莎百货），与作者的邮件交流，2013 年 5 月 22 日。

12. 柯安·史科齐纳兹（可持续品牌大会），与作者的邮件交流，2013 年 4 月 7 日。

13. 乔纳森·艾特伍德（联合利华），在 2013 年 5 月 10 日华盛顿特区世界环境中心大会上的演讲。

14. 吉斯·克鲁伊索夫（联合利华），在 2013 年 5 月 10 日华盛顿特区世界环境中心大会上的演讲。

15. "AXE Showerpooling—Save Water ⋯ Together," video, YouTube, 1:00, posted by "AXE," uploaded September 13, 2012, http://tinyurl.com/8hggevv.

16. 保罗·鲍尔曼（联合利华），在 2013 年 5 月 9 日华盛顿特区世界环境中心金牌晚宴上的演讲。

17. 克鲁伊索夫，在世界环境中心大会上的演讲。

18. Bob McDonald (P&G), speech at Fortune Brainstorm Green, Laguna Niguel, CA, April 30, 2013. 全文参见 http://tinyurl.com/lp5ctqe。

19. Bart King, "Ikea to Sell Only LEDs by 2016," Sustainable Brands, October 2, 2012, http://tinyurl.com/p7bzwcr.

20. 伊兰·史多克（金佰利），作者采访，2013 年 4 月 26 日。

21. World Economic Forum, "More With Less: Scaling Sustainable Consumption and Resource Efficiency," January 2012, 2, http://tinyurl.com/nvgqkc4.

22. Lysanne Currie, "If You Don't Do Good, It Will Be Harder to Do Well," Director, June 2012, http://tinyurl.com/nlff36h.

第十四章

1. 商业弹性的概念从一篇向五角大楼提交的名为《脆实力》（"Brittle Power"，by Lovins and Lovins) 的报告开始，已经存在至少 30 年了。该报告列出了一个现代、连接紧密的能源体系的风险。这一概念与跟其类似的"稳健性"一起，都是非常火的概念。

2. Andrew Freedman, "New York Launches $19.5 Billion Climate Resiliency Plan," Climate Central, June 11, 2013, http://tinyurl.com/mstabu2; NYC Special Initiative for Rebuilding and Resiliency, "Read the Report," City of New York website with links to "A Stronger, More Resilient New York" report, accessed October 30, 2013, http://tinyurl.com/n2xre5p.

3. Nassim Nicholas Taleb, Antifragile: Things That Gain from Disorder (New York: Random House, 2012), 69. Emphasis in original.

4. 同上，44 页。

5. 1000 个工厂的数字，参见 Thomas Fuller, "Thailand Flooding Cripples Hard-Drive Suppliers," New York Times, November 7, 2011. For Hitachi and Western Digital, Rade Musulin et al., "2011 Thailand Floods Event Recap Report," Aon Benfield Analytics report, March 2012, http://tinyurl.com/krg7rdm。

6. Bill Visnic, "Tide Still Rising on Woes from Thailand Floods," Edmunds.com, November 14, 2011, http://tinyurl.com/muhjc8o. See also Musulin et al., "2011 Thailand Flood Event Recap Report."

7. "Risk Ready: New Approaches to Environmental and Social Change," PricewaterhouseCoopers white paper, November 2012, accessed November 18, 2013, http://tinyurl.com/kcte7nr.

8. Taleb, Antifragile, 45.

9. 同上。

10. 同上，141–142 页。

11. Thomas Kaplan, "State Tells Investors That Climate Change May Hurt Its Finances," New York Times, March 27, 2013.

12. 关于瓦莱罗，参见 "Operational Integrity for Oil and Gas," 26, SAP website, accessed November 18, 2013, http://tinyurl.com/mptmr9u. For Dow water, "New Technology Saves Dow Plant One Billion Gallons of Water – and $4 Million," Dow Chemical Company and Nalco Company press release, January 28, 2010, http://tinyurl.com/mtoq68h。

13. Sturle Hauge Simonsen, "The Nine Planetary Boundaries," Stockholm Resilience Center website, accessed November 18, 2013, http://tinyurl.com/9s6d2m5.

14. Lindsay Bragg, "R. James Woolsey: Our Energy Future," The Digital Universe (Brigham Young University), November 6, 2011, http://tinyurl.com/owpajuo.October 5, 2010.

15. Leslie Dach (Walmart), speech at Global Sustainability Milestone Meeting, Bentonville, AK, April 15, 2013.

16. 关于"威胁倍增器"，参见 "The Climate and National Security," New York Times editorial, August 18, 2009. For all other data, Elisabeth Rosenthal, "U.S. Military Orders Less Dependence on Fossil Fuels," New York Times，October 5, 2010。

17. Taleb, Antifragile, 160.

附录A

1. "HP 2011 Global Citizenship Report," Hewlett Packard website, p. 9, accessed November 18, 2013, http://tinyurl.com/lgtlgm7.

2. 关于飞利浦，Bart King and Mike Hower, "Green Products Account for Roughly Half of Philips' 2012 Revenue," Sustainable Brands, March 1, 2013, http://tinyurl.com/lwwj6k2. For Toshiba, "Toshiba Environmental Report: 2012," 4, http://tinyurl.com/l5uphr7. For P&G, "60 Years of Sustainability Progress," P&G website, accessed November 18, 2013, http://tinyurl.com/krfclen. 关于通用电气, " 'We Are Only Getting Started': GE's Ecomagination Tops $100 Billion in Revenues," GE website, June 28, 2012, http://tinyurl.com/k3dg9rc; and Renee Schoof, "Investors See Climate Opportunity to Make Money, Create Jobs," McClatchy DC website, January 12, 2012, http://tinyurl.com/mln8foj。

3. "HP 2011 Global Citizenship Report," 10.

4. Bob McDonald (Procter & Gamble), speech at Fortune Brainstorm Green, Laguna Niguel, CA, April 30, 2013. 全文参见 http://tinyurl.com/lp5ctqe。

5. 关于联合利华，"Unilever Factories and Logistics Reduce CO2 by 1 Million Tonnes," Unilever PLC press release, April 15, 2013, http://tinyurl.com/kc7oeg7. 关于陶氏化学，马克·威克（陶氏化学），与作者的邮件交流，2013 年 4 月 9 日。关于沃尔玛，Adrian Gonzalez, "How Walmart Improved Fleet Efficiency by 69 Percent," Logistics Viewpoints, April 25, 2012, http://tinyurl.com/l2vqbre。

6. 凯文·安东（美铝），与作者的邮件交流，2013 年 6 月 26 日。

7. Thibault Worth, "PNC Bank Pushing Efficiency Toward Zero," GreenBiz, April 16, 2013, http://tinyurl.com/m7nth7r.

8. 亨特·罗文斯（自然资本主义解决方案），与作者的邮件交流，2013 年 5 月 29 日。

9. Daniel C. Esty and Andrew S. Winston, Green to Gold: How Smart Companies Use Environmental Strategy to Innovate, Create Value, and Build Competitive Advantage (New Haven: Yale University Press, 2006), 97.

10. Andrew Winston, "A New Tool for Understanding Sustainability Drivers," HBR Blog Network, July 13, 2010, http://blogs.hbr.org/2010/07/a-new-tool-for-understanding-s/.

索 引①

---

①页码后的 f 和 t 分别指图和表。页码对应英文原版书页码（中文版切口处页码）。

致　谢

　　一本书的完成是爱与帮助的结果。很多人为这本书慷慨付出了他们的时间。我很幸运，得以从许多一直以来致力耕耘于商业世界最艰难的工作——推动改变——的人那里汲取洞见和经验。因此，让我首先对在本书提到的公司和机构中工作的人员表示感谢。这些人分享了他们通往"大转变"之路的挑战与成功的故事。

　　感谢凯文·安东、苏哈斯·阿皮特、乔纳森·艾特伍德、威尼·波尔塔、罗伯塔·巴比尔瑞、麦克·巴里、蒂姆·本特、罗布·巴纳德、艾瑞克·布鲁纳、马克·布茨曼、莱尔·克拉克、杰伊·科恩·吉尔伯特、贝丝·康斯多克、吉姆·克里利、雷斯里·达士、T. J. 迪卡普里奥、加尔·杜利、理查德·邓恩、亚当·艾尔曼、查尔斯·埃瓦尔德、托马斯·福克、查克·福勒、保雷特·弗兰克、约翰·福勒顿、凯西·格威格、科尔·吉尔、约翰·金德尔、何夫·金德尔、玛丽·高栏、彼得·格拉夫、吉姆·哈茨费尔德、瑞贝卡·亨德尔森、德尔·哈德森、卡拉·赫斯特、汉娜·琼斯、大卫·琼斯、伊瑞卡·卡普、杰森·基贝、日瓦·克鲁特、吉斯·克鲁伊索夫-迪耶勒涅斯、米歇尔·拉宾斯

基、凯特·狄龙·列文、克里斯·里布里、艾瑞克·洛维特、明
迪·卢波、苏兹·麦克·科尔麦克、迪克·马克雷恩、道格·麦克
米伦、格温·米基塔、凯斯·米勒、凯文·莫斯、布伦达·尼尔
森、达拉·奥鲁尔克、格兰·保福尔、阿什因·方席、杰夫·赖
斯、瑞克·瑞智威、安迪·鲁本、奥登·斯切尔德、杰夫·斯布莱
特、格雷格·萨巴斯基、安杜鲁·夏皮罗、苏珊·亨特·史蒂文
森、贝丝·史蒂文森、伊兰·史多克、马克·泰尔切克、萨莉·尔
仁、约翰·维埃拉、哥诺特·瓦格纳、蒂姆·沃林顿、佩姬·瓦
德、克里斯·威尔利斯、斯科特·威克、桑迪·温克勒、凯瑟
琳·温克勒、乔辰·蔡特、伊娃·兹洛特尼卡。

　　另一组我需要感谢的人是在多方面为我的研究提供了帮助的同
事，不管是帮我与相关的人联系还是为我的"大转变"提供特别的
分析、图标和研究。感谢马特·班克斯、鲍勃·布兰德、杰米·巴
特沃什、迈克尔·崔、埃里克斯·邓恩、赖斯·哥霍、乔纳森·格
兰特、帕斯卡尔·格瑞拉斯、马尔克·伊斯拉吉、克孜托夫·科外
特寇斯基、安妮塔·拉森、德文·隆-莱特尔、利·平·楼、希拉
里·帕森斯、塔拉·拉道尔、朱莉·雷特、瑞秋·罗森布拉特、利
亚·塞罗威克、艾米·珊勒尔、杰西卡·索贝尔、凯瑞·斯特拉帕
宗、弗雷泽·汤普森和玛尼·汤姆连诺威克。

　　一些同事所提供的帮助不止于此，他们帮忙阅读书的前期节选
并提供了宝贵的批评和支持。感谢尼尔·霍金斯和马克·威克在陶
氏化学组织了一个临时的关注组，为这本书的定位提供了十分有益

的建议。安德鲁·萨维茨在我纠结于写作其中一个章节时的关键节点为我提供了建议。柯安·史科齐纳兹在所有人之前读了我的书，帮我指出了可以改进的几个地方。我的父亲，詹·温斯顿，一位成功的企业管理者，也是我一生的楷模，他阅读了全书并给了我一位实际商人的视角。对杰夫·高迪和亨特·罗文斯，我的感谢无以言表，你们在阅读并评论全部书稿上花了非常多的时间。这本书因为有了你们的帮助而更加充实丰富。

过去的十几年，我的工作领域属于企业、环境和社会事务的奇怪交集。过去数年，我一直依赖于很多先行者和追随者。我因为一些伟大的思想者而进入这一领域，也有幸从那以后认识了其中的许多人。没有以下这些思想家，我的工作无异于天方夜谭，他们是：已故的雷·安德森、詹尼·本与斯、理查德·布兰森爵士、瓦莱丽·凯西、马莲·彻托、艾米·克里斯滕森、吉姆·柯林斯、大卫·库珀里德、约翰·埃尔金顿、丹·埃斯蒂、吉尔·弗兰德、阿尔·戈尔、杰瑞米·格兰瑟姆、马克·刚瑟、斯图尔特·哈特、乌马尔·哈奎客、保罗·霍肯、杰夫里·郝兰德、克里斯·拉佐罗、安东尼·雷瑟鲁维茨、奥莫莱·罗文斯、朱尔·马寇尔、迈克尔·曼、已故的唐娜拉·美多丝、比尔·麦克唐纳、比尔·麦吉本、马里尼·内赫拉、杰奎·奥特曼、保罗·鲍尔曼、乔纳森·普瑞特爵士、迈克尔·波特、杰弗里·萨克斯、埃德加·希恩、多弗·塞德曼、彼得·森格、吉加·沙、彼得·西姆、约瑟夫·斯蒂格利茨、帕万·苏克德夫、鲍勃·威拉德和金·乌尔塞。

　　我还从另外一批思想家那里"偷师"了他们的作品。感谢马克·坎帕内尔、卢克·苏莎曼以及"碳追踪器"的全体成员，他们突破性的分析是比尔·麦吉本家喻户晓的"气候数学"的底层支柱。比尔·包和马克·麦克埃尔罗伊帮助我理解了基于事实的指标，也就是"设定科学目标"的核心。阿尔弗雷德·拉帕普特的《从短期主义拯救资本主义》则为转变策略提供了第一个提纲挈领的深度视角。关于"建立弹性公司"的结束章节部分是基于安德鲁·佐利和安·玛丽·希利的《恢复力》一书，并更多参考了不确定性大师纳西姆·尼古拉斯·塔勒布的巨著《反脆弱》。塔勒布的作品深深影响了我对系统和现实的思考。我了解到，即使未来是不确定的，我们还是可以对不确定的事物抱以期待。

　　我还要感谢一些更经常与我共事的人。我的公司之所以能顺利运转是因为有一个勤勉的"后勤团队"：格雷辰·普兰德、我的助理蒂娜·萨提亚勒，以及盖尔·温斯顿（我的母亲，也是一位一流的会计，她终于可以不用顶着黑眼圈好好享受退休生活了）。还要感谢我的研究助理米其林娜·多其莫以及莱恩·梅因克对研究所提供的关键性支持。

　　我工作的一个重要元素——不管是为了研究还是为了搭建我想要传达的故事线——是我在公司领导会议和业界活动中的演讲。没有我的经理人团队，我这一"传播福音"式的使命就无法完成。他们是奥德管理公司，包括莉安·克里斯蒂、杰伊·坎普、塔尼娅·马科维克以及朱莉·温特伯顿。感谢你们帮我把我的想法传递给世界各地的观众和听众。

　　作为温斯顿生态战略公司咨询业务的一部分，我与普华永道一起工作。我将大量的时间花在想点子和我普华永道的同事们辩论公司如何能够应对大挑战上。因此，我要感谢一部分团队成员（我可以列出更多的名字），感谢他们在想法方面的配合：乔治·法瓦洛罗、艾米·隆沃什、克林顿·马龙尼、凯西·涅兰、马尔科姆·普雷斯通、唐·里德以及杰森·瑟罗斯。

　　感谢哈佛商业评论出版社的团队，感谢你们渊博的专业知识，指导我完成一本具有说服力的商业书籍以及你们一致的努力，让这本书能够呈现在这么多读者面前。我的编辑，杰夫·科霍伊，看到了转变故事中的潜力，并帮忙润色了论据。也感谢格雷辰·嘉维特、嘉丁诺·摩尔斯、艾瑞卡·特鲁谢以及安妮娅·威克沃斯基；感谢其他哈佛商业评论在这本书、我的《哈佛商业评论》博客以及其他项目上一起共事的编辑团队成员，是他们让我的作品更完善。出版社的商务、生产和推广团队对《大转变》十分支持和热心。感谢你们，出版人莎拉·迈克康维尔、出版社编辑主管蒂姆·苏利文以及团队：萨莉·阿什沃什、艾如茵·布朗、玛丽·道兰、吉利欧·拉维尼、妮娜·诺克西尼罗、琼·希普利、詹妮弗·沃凌。

　　最后，致我的家人，我实在难以表达从你们那里获得了多少灵感。我的妻子克莉丝汀从我被称之为事业的不凡旅程之初就一直陪伴着我。从研究生学位到数年的研究、写作，再到建立我自己的公司——尽管有时能带来有限的收入——克莉丝汀在经济和精神上供养了我们。作为一个经验丰富的商人，她还是一个严格的编辑，给了我很多意见。对了，在我离家很远的地方经营公司、演讲和做咨询的时候，我的妻子主要承担了养育孩子的责任。我的两个儿子，乔叔华和雅各布，为我把这个世界变得更加美好提供了源源不断的动力。

感谢所有人，感谢你们在这一路中提供的支持和帮助。

关于作者

在企业如何应对世界上最大的环境和社会挑战并从中盈利方面，安德鲁·温斯顿是全球知名的专家。他的第一本书《从绿到金》有7种语言的版本、销售超过10万册，并且一经推出就成为经典，为公司从环境战略中创造价值提供了蓝图。《公司》杂志将《从绿到金》列入其长期的"每个经理人应当拥有的30本书"清单。

作为温斯顿生态战略公司的创始人，温斯顿为世界上一些领先的企业做过咨询，其中包括美国银行、拜耳、波音、普利司通、强生和百事可乐公司。他也是金佰利、惠普和联合利华可持续顾问委员会的成员，并担任普华永道的可持续顾问。

温斯顿还是一个颇受尊敬且活跃的演说家。他的听众成千上万，而他的演讲也在传达着一个实际而乐观的信息：全球的挑战确实很大很严峻，但公司拥有可以创造一个可持续性世界的工具、资源和创造力。他曾经到世界各地演讲，足迹遍布欧洲、俄罗斯、巴西、中东和中国，将他的想法传达给《财富》500强企业高管会议、大型工业会议以及诸如世界创新论坛（World Innovation Forum）的高规格商业活动的领导人。

　　温斯顿写过三本企业战略类的书籍——《从绿到金》《绿色恢复》以及现在的这本《大转变》。他是线上《哈佛商业评论》的作者，经常为《卫报》"可持续商业"版面和《赫芬顿邮报》供稿，并拥有一个颇受欢迎的个人博客www.andrewwinston.com，他经常出现在主流媒体，他的意见也经常被主流媒体所引用，包括《华尔街日报》《商业周刊》《纽约时报》《时代》杂志和CNBC。

　　温斯顿的作品是基于其重要的商业经验和教育背景。他的早期职业生涯包括在波士顿咨询集团（BCG）为公司做企业战略咨询，在时代华纳和音乐电视（MTV）的战略和市场推广担任管理职位。他获有普林斯顿大学经济学学士学位，哥伦比亚大学工商管理硕士学位以及耶鲁大学环境管理学硕士学位。